水利部公益性行业科研专项经费项目（201301033）
南京水利科学研究院出版基金
资助

山洪易发区水库致灾预警与减灾技术研究丛书

山洪易发区
灾变监测技术指南

李卓　何勇军　范光亚　徐海峰　李宏恩　编著

中国水利水电出版社
www.waterpub.com.cn
·北京·

内 容 提 要

本书为《山洪易发区水库致灾预警与减灾技术研究丛书》之一。有效而系统的监测是进行山洪易发区灾害预测预警，制定防灾、抢险及救灾方案的重要前提和依据，从而最大限度地发挥减灾系统工程的效益，减少山洪灾害造成的损失。本书围绕山洪易发区水库安全监测技术，主要对水库上游流域洪水监测、近坝库岸边坡监测、水库大坝安全监测及水库安全评价技术进行详细探讨。

本书可作为有关设计院、水库大坝管理单位和从事大坝安全监测设计、施工的技术人员开展大坝安全监测工作的参考用书。

图书在版编目（CIP）数据

山洪易发区灾变监测技术指南 / 李卓等编著. -- 北京：中国水利水电出版社，2016.10
（山洪易发区水库致灾预警与减灾技术研究丛书）
ISBN 978-7-5170-4818-3

Ⅰ. ①山… Ⅱ. ①李… Ⅲ. ①水库－防洪－监测系统－指南 Ⅳ. ①TV697.1-62

中国版本图书馆CIP数据核字(2016)第247105号

书　名	山洪易发区水库致灾预警与减灾技术研究丛书 **山洪易发区灾变监测技术指南** SHANHONG YIFAQU ZAIBIAN JIANCE JISHU ZHINAN
作　者	李卓　何勇军　范光亚　徐海峰　李宏恩　编著
出版发行	中国水利水电出版社 （北京市海淀区玉渊潭南路1号D座　100038） 网址：www.waterpub.com.cn E-mail：sales@waterpub.com.cn 电话：（010）68367658（营销中心）
经　售	北京科水图书销售中心（零售） 电话：（010）88383994、63202643、68545874 全国各地新华书店和相关出版物销售网点
排　版	中国水利水电出版社微机排版中心
印　刷	三河市鑫金马印装有限公司
规　格	170mm×240mm　16开本　3.75印张　52千字
版　次	2016年10月第1版　2016年10月第1次印刷
印　数	0001—2000册
定　价	**20.00**元

前　言

在水利部公益性行业科研专项经费项目“山洪易发区水库致灾预警与减灾关键技术研究”（201301033）基础上，为保证山洪易发区水库安全运行，制定《山洪易发区灾变监测技术指南》（以下简称《指南》）。

《指南》主要内容包括山洪易发区洪水监测和水库大坝安全监测。山洪易发区洪水监测内容为降雨量、水位、流量；山洪易发区水库大坝安全监测内容为变形、渗流、环境量及大坝安全监测自动化系统。

《指南》进一步明确和细化了山洪易发区水库安全监测的总体技术要求，包括《指南》的编写目的、监测内容以及大坝安全监测自动化系统。

《指南》的出版得到了水利部交通运输部国家能源局南京水利科学研究院和中国水利水电出版社的大力支持和资助，谨表深切的谢意。

由于山洪易发区监测技术的不断进步，并受限于作者水平，《指南》中难免不妥之处，恳请读者批评指正。

作者

2015年12月

目　录

1　总则

（1）为保证山洪易发区水库安全运行，切实保证山洪易发区水库安全，制定本《指南》。

（2）本《指南》针对的山洪易发区水库安全监测技术主要包括水库上游流域洪水监测、水库大坝安全监测。山洪易发区洪水监测内容包括降雨量、水位、流量监测；山洪易发区水库大坝安全监测内容包括变形、渗流、环境量监测及大坝安全监测自动化系统。

（3）本《指南》可为各省（自治区、直辖市）山洪易发区水库提供安全监测技术参考，也可以作为各省（自治区、直辖市）山洪灾害安全监测技术参考。

（4）本《指南》的引用标准和文件主要包括：

1）SL 61—2003《水文自动测报系统技术规范》。

2）GB/T 11828.1—2002《水位测量仪器》。

3）GB/T 50138—2010《水位观测标准》。

4）SL 21—2006《降水量观测规范》。

5）GB 50179—1993《河流流量测验规范》。

6）SL 537—2011《水工建筑物与堰槽测流规范》。

7）SL 274—2001《水文资料整编规范》。

8）SL 675—2014《山洪灾害监测预警系统设计导则》。

9）SL 551—2012《土石坝安全监测技术规范》。

10）《山洪灾害防治非工程措施运行维护指南》。

11）《大坝安全监测与自动化》。

2　山洪易发区洪水监测

山洪易发区洪水监测内容主要包括降雨量、水位和流量。由于山洪易发区主要分布在我国的高山、丘陵地区，受山区局地小气候影响，降雨时空分布极不均匀，所以山洪易发区洪水监测有别于大江大河的水雨情监测。山洪易发区洪水监测要求精度高，监测站密度大，预报作业时间短、精度高。不仅要考虑面上雨量分布而且要考虑高程变化对降雨量影响。

2.1　监测站网布设

2.1.1　监测站网布设原则

（1）监测站网布设应密切结合本流域的特性，反映流域暴雨洪水特性。监测站网应能满足水库运行调度所需要的雨量、水位、流量等信息要求；雨量监测站网应能正确反映各类型暴雨及暴雨中心的分布规律，能够反映流域暴雨的空间分布特性。雨量监测站网布设应满足平均雨量计算的精度要求，同时应满足洪水预报方案精度要求。

（2）监测站设置应考虑交通方便，便于通信组网、建设和运行维护，还应避开可能发生坍塌、滑坡和泥石流等不安全因素的区域。

（3）水库工程应建设坝上水位站、出库水文站。坝上水位站应选择合适的位置，避开受水库放水、泄洪等波动影响的区域；出库水文站以控制全部出库水量为宜。对于综合利用的水库，因出口较多、不易集中控制时，可在各出口下游分别建站。

(4) 配置水库洪水预报方案时，应根据预报方案要求，在水库入流断面段设立水文（水位）监测站。

2.1.2 站网论证

2.1.2.1 有资料地区站网论证

站网论证是在站网规划的基础上，以定量分析方法确定站网数量，合理确定测站位置。站网论证主要有以下两种方法：

(1) 以面雨量作为目标函数进行站网论证，主要是通过比较各站网布设方案平均误差来确定站网数量和分布。

计算面平均雨量可用等值线法、泰森多边形法、算术平均法、两轴法等，计算中宜用暴雨等值线计算的面平均雨量作为近似真值，所选择的雨量样本应考虑不同成因和量级的暴雨。

抽站法是利用较多雨量站资料，计算面平均雨量，然后用较少雨量站资料（包括日雨量与时段雨量）重新计算面雨量，计算抽样误差，探讨布站密度与抽样误差之间的关系，求出满足精度要求的布站数量。

如某水库坝址以上集水面积 75.9km^2，河长 22.26km，河床平均坡降 2.62‰，流域平均宽度 3.41km。水库坝址以上地势自南向北倾斜，属高丘区。整个流域山峦重叠，流域内地形梯度变化大，河流源短，坡陡流急。采用抽站法进行面雨量分析，某水库 3d 面雨量比较见表 2.1。

表 2.1　某水库 3d 面雨量比较表

起始时间	9个监测站		7个监测站		5个监测站		3个监测站	
	面雨量/mm	误差/%	面雨量/mm	误差/%	面雨量/mm	误差/%	面雨量/mm	误差/%
1986-06-08	63.5	0	63.0	−0.8	62.7	−1.3	66.3	4.4
1988-07-12	53.2	0	53.8	1.1	52.4	−1.5	54.8	3.0
1990-09-13	76.4	0	76.1	−0.4	77.5	1.4	74.6	−2.4
1993-08-21	90.6	0	89.9	−0.8	91.2	0.7	86.2	−4.9

续表

起始时间	9个监测站		7个监测站		5个监测站		3个监测站	
	面雨量/mm	误差/%	面雨量/mm	误差/%	面雨量/mm	误差/%	面雨量/mm	误差/%
1996-09-03	83.9	0	84.1	0.2	82.9	−1.2	86.7	3.3
1998-07-09	57.6	0	58.0	0.7	58.7	1.9	59.8	3.8
2000-09-16	98.2	0	97.8	−0.4	99.3	1.1	95.2	−3.1
2002-06-23	102.7	0	103.4	0.7	104.2	1.5	107.0	4.2
2005-09-12	80.5	0	81.2	0.9	79.2	−1.6	83.8	4.1
2006-08-10	64.3	0	63.8	−0.8	65.0	1.1	62.1	−3.4
2008-09-15	86.1	0	85.6	−0.6	86.9	0.9	84.0	−2.4
2011-07-21	70.2	0	69.7	−0.7	69.1	−1.6	73.3	4.4

由表2.1可知，随着站数的减少，误差越来越大。结合模型方案分析后，该系统选取5个监测站作为优选方案。

(2) 以洪水预报精度作为目标函数进行站网论证，主要是通过比较各站网布设方案的洪水预报精度对站网布设数量、位置进行定量分析，一般以相对误差20%为标准。

以现有入库水文站作为预报断面，将流域分成若干子流域，对每一块再细分单元块，对每个子流域块利用降雨产流模型，根据历史水文资料，作降雨、蒸发、土壤含水量、水源分配和消退、单元河网单位线及河槽汇流等分析，率定各子流域有关参数，在达到一组调试最佳参数的条件下，分析计算与实测拟合成果，探讨监测站点对暴雨控制的代表性。改变各子流域模型参数进行率定计算，组成多种站网方案，再分析其洪水过程拟合程度，从而求出满足精度要求的布站数量。

仍以前述水库流域为例，根据水文站点分布情况，分别按9、7、5、3个监测站建立洪水预报模型，从实测资料中选取多场降雨和洪水过程率定预报模型参数，与实测洪水过程比较，分析拟合程度，计算多场次洪水预报的平均精度，某水库流域洪水预报模型论证成果见表2.2。

表 2.2　　　　某水库流域洪水预报模型论证成果表

监测站数/个	9	7	5	3
洪峰合格率/%	95	89	85	77

从表 2.2 可以看出，定量论证后拟选的 5 个监测站点，用预报模型计算的洪峰精度能满足精度要求（以场次洪水的洪峰相对误差不大于 20%为合格标准）。

2.1.2.2　无资料地区站网论证

山洪易发区洪水监测主要内容是降雨量，降雨量与高程变化有一定的相关性，不同地区高程与降雨量的关系不同，而且大气环流、水汽含量、山脉、气温、太阳辐射、地形的陡缓等对降雨量的影响很大。因此，山洪易发区降雨量站密度根据本地区生活条件、设站目的、地形等条件确定，应该考虑山洪易发区高程与降雨量关系，雨量站的站址选择应该符合以下要求：

（1）面雨量站应在大范围内均匀分布。

（2）不遗漏雨量等值线图经常出现极大极小值的地点。

（3）在雨量等值线梯度大的地带，对防汛有重要作用的地区，应适当加密。

（4）暴雨区的站网均应适当加密。

（5）生活、交通和通信条件较好的地点。

（6）站网根据实际需要考虑降雨量布置测点数。

2.2　水雨情监测系统结构

根据通信组网的不同，水雨情监测系统一般由监测站、中继站和中心站组成。监测站设在区域内的水雨情监测点，可分为雨量监测站、水位监测站和流量监测站；中心站一般设在水库管理局（所）或上级管理部门处；如果系统采用超短波通信，当通信条件难以满足监测站与中心站之间直接数据通信要求时，还需要建设中继站，中继站一般选择在地势较高、通信条件较好处。水雨情监测系统总体结构见图 2.1。

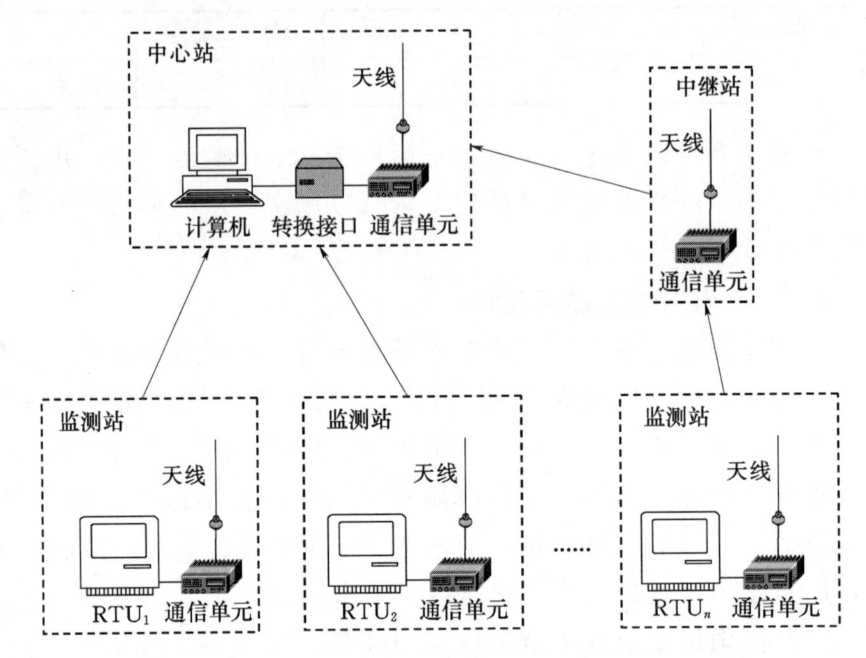

图 2.1 水雨情监测系统总体结构

2.2.1 中心站

中心站是数据采集和处理中心。中心站应包括中心站硬件设备和软件系统。中心站硬件设备配置主要是通信接收设备、计算机设备和电源支持系统，通信接收设备包括天馈线、各种通信终端（如超短波电台、GSM 通信机、卫星小站等），计算机设备包括水情工作站、水情服务器、打印机等，电源支持系统包括电源避雷装置、交流隔离稳压器、UPS 及后备蓄电池组等；软件系统包括系统应用软件、操作系统软件、数据库软件及工具软件等系统配套软件。水文遥测中心站结构见图 2.2。

一个中心站最少需要以下设备：

(1) 台式商用电脑或工业电脑，作为实时监控计算机（水情工作站）。

(2) 水文数据服务器和网络设备。

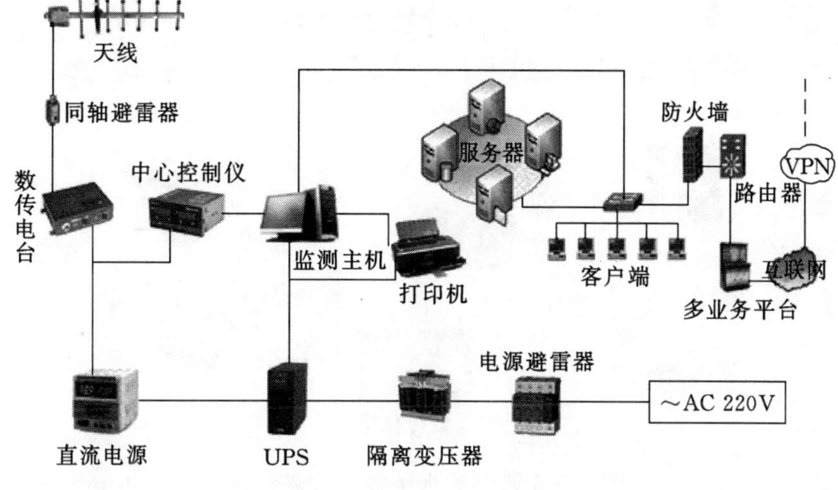

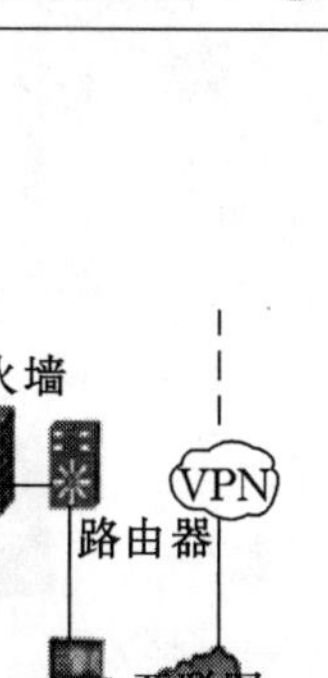

图 2.2 水文遥测中心站结构

(3) 所选择信道的通信终端一台或多台（双信道或多信道通信时）。

(4) 中心电源避雷和供电维持设备。

2.2.2 监测站

水雨情监测站的设备主要包括遥测终端（RTU)、雨量传感器、水位传感器、流量传感器、无线调制解调器、通信机及其天馈线、太阳能电池板、蓄电池组等。典型的水雨情监测站结构见图 2.3。

2.2.3 水雨情监测系统通信组网

水雨情监测系统可选用移动公网（数字移动通信)、卫星、超短波和计算机网络等数据传输通信方式。

(1) 通信组网方式。水雨情监测信息采集传输系统的通信组网设计，应结合所处流域内的气象条件、自然地理环境、现有通信资源、供电状况等具体情况，因地制宜地选择、确定组网方案，以保证系统的实用性、可靠性和经济性。根据通信方式不同，通信组网方案差别较大，测站与中心站之间的组网形式多为星形结构。在信

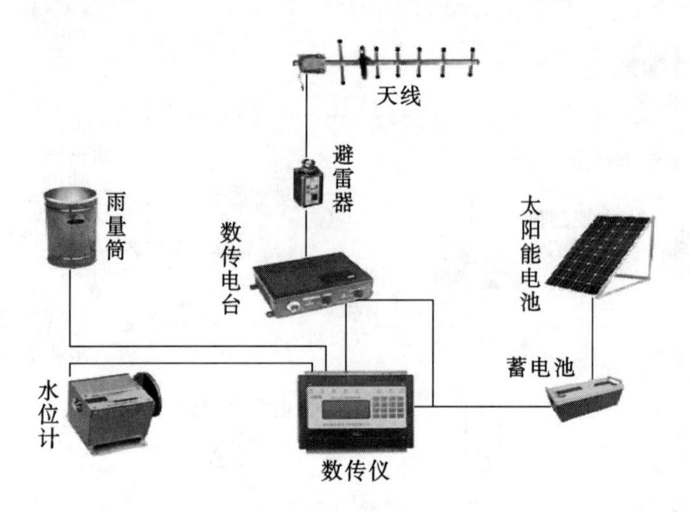

图 2.3 典型的水雨情监测站结构

道、设备设计中，应遵循专网/公网相结合的原则，并充分利用现有的通信资源和设备。

（2）GSM/GPRS 通信组网。GSM/GPRS 公网通信具有网络稳定可靠、通信费用低、基本不受地域限制的优点，它在水雨情监测数据传输通信方面可以被认为是一种首选的通信方式。根据 GSM/GPRS 数据传输原理，系统不需要建设像超短波那样的中继站。利用 GSM/GPRS 系统进行无线通信还具有双向数据传输功能，其性能稳定，为远程监控设备的通信提供了一个强大的管理支持平台。典型的 GSM/GPRS 通信网络见图 2.4。

（3）UHF/VHF 超短波通信组网。UHF/VHF 频段超短波是一种地面可视通信，其传播特性依赖于工作频率、距离、地形及气象因子等因素。国家无线电管理委员会将 230M 的频段划分给水利数据通信专用。目前我国国内已建系统的超短波频率大多为 150～450MHz，它主要适用于平原丘陵地带中继站数量少、中继级数较少的水雨情监测系统。超短波通信组网具有建设费用低、无需通信费、组网结构简单、可靠性高等优点。虽然公共移动通信网具有许多优点，但对于山区、丘陵区该网络不一定能全面覆盖，因此，超

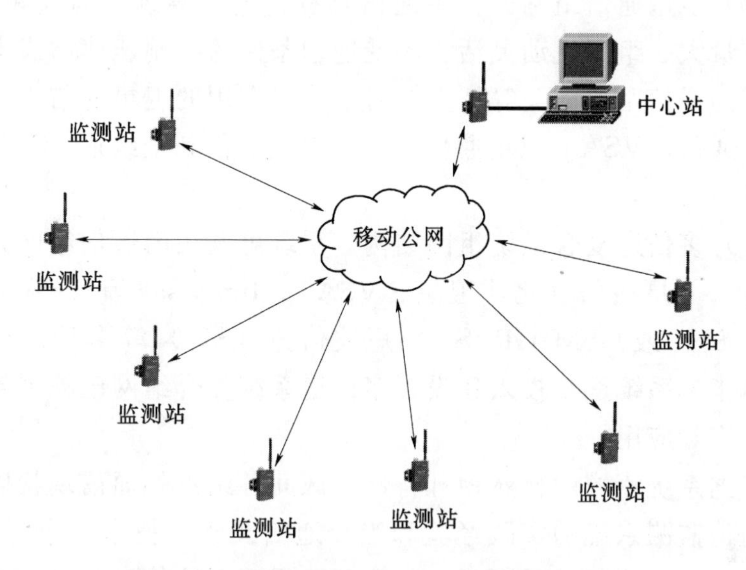

图 2.4 典型的 GSM/GPRS 通信网络

短波通信仍具有一定优势。典型超短波通信网络是一种树形结构的网络，见图 2.5。

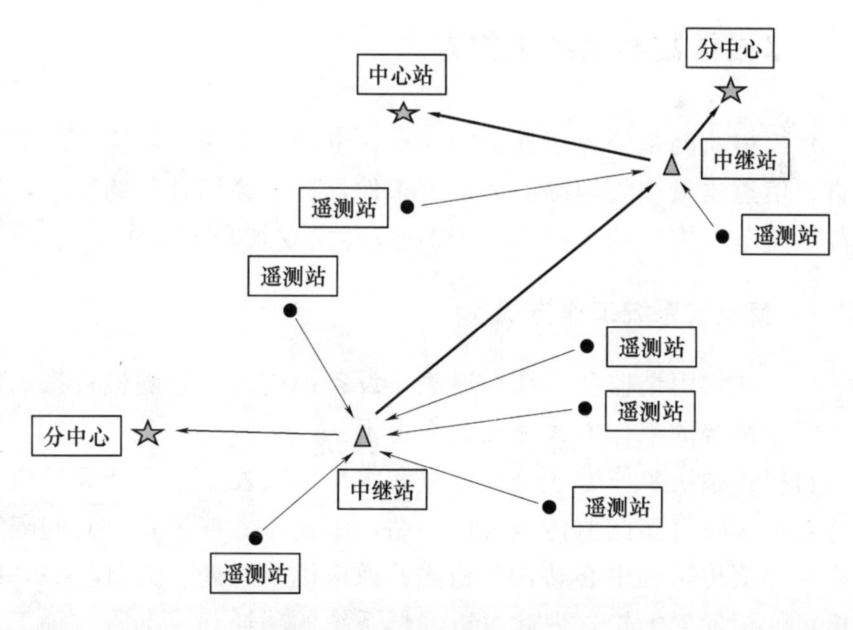

图 2.5 典型超短波通信网络

（4）卫星通信组网。卫星通信具有传输距离远、通信频带宽、传输容量大、组网机动灵活、不受地理条件的限制、建站成本及通信费用与通信距离无关等特点。目前可以利用的卫星通信方式有北斗卫星通信、VSAT 卫星通信、海事卫星通信和全线通 SCADA 卫星通信。

（5）多信道复合系统组网结构。系统可选用的通信组网方式有超短波、卫星通信（北斗卫星、VSAT、Inmarsat 等）、移动通信（GSM/SMS 或 GSM/GPRS）、短波信道（SW）等多种。随着国家防汛指挥系统逐步投入建设，多信道系统复合组网已越来越多地投入了实际应用。

根据系统流域的自然地理特性，区间各站点的通信现状以及组建水雨情监测系统的实践经验和当今通信及网络技术的发展趋势，同时考虑到系统建成后便于运行管理，保证系统信息流畅、有效和实用，系统建设数据传输方式推荐方案采用主用、备用信道进行混合组网，系统配备“双信道”，互为备份。

2.3 水雨情监测系统工作方式

水雨情监测系统应根据功能要求、电源、交通、可应用的通信信道、信道质量和管理维护力量等条件，按照经济合理的要求，选用部颁规范中推荐的自报式、查询-应答式或兼容式工作方式。

2.3.1 自报式系统工作方式

自报式水雨情监测系统在遥测站设备控制下采用随机自报和定时自报相结合的工作方式完成数据上报。

自报式系统工作方式是在雨量和水位参数发生一个计算单位的变化时，实时将实测值传送到中心站，流量参数按一定时间间隔定时将实测值传送到中心站，其遥测站通信机平时处于关机状态，终端机可使用发射模块，因此可以降低系统的功耗和成本。这种工作方式便于遥测站使用太阳能和蓄电池组合供电，结构简单，可靠性较高，实时性强，能较好地反映水雨情参数变化的全过程。

2.3.2 查询-应答式系统工作方式

查询-应答式系统工作方式监测站自身能对水雨情参数发生的变化自动采集和存储，但不主动传送给中心站。只有当中心站发出查询命令时，才将当前水雨情参数传送给中心站，因为要接收中心站的查询命令，所以监测站通信机处于长期守候状态，因此功耗较大。

查询-应答式工作方式主要用于远程设备管理和远程站点历史数据下载。

2.3.3 混合式系统工作方式

兼容工作方式具有自报、查询-应答两种工作方式的特点，既能很好地反映水雨情参数变化的全过程，又能响应中心站的查询，其缺点也是功耗较大。

系统数据采集与传输的工作体制应尽量选为自报式体制，并在某一信道上能够支持中心站召测功能。通过软件设置支持上述几种数据传输体制，无需修改硬件，能够自动或根据中心指令，在暴雨时，水位陡涨或达到警戒水位情况下，主动增加传送数据频度。

2.4 水雨情监测方法

降雨的空间分布具有显著的地域性，降雨量虽与高程的变化具有一定的相关性，然而不同的地区高程与降雨量的关系不同，而且影响降雨的因素并不是单一的，大气环流、水汽含量、山脉、气温、太阳辐射、地形的陡缓等对降雨量的影响也很大。

2.4.1 降雨量监测

2.4.1.1 监测点布置

降雨量监测场面积一般应不小于 4m×4m，应避开强风区，其周围应空旷、平坦，不受突变地形、树木和建筑物以及烟尘的影响，使在该场地上监测的降雨量能代表水平地面上的水深。

在山区，监测场不宜设在陡坡上或峡谷内，要选择相对平坦的场地，使仪器器口至山顶的仰角不大于30°。难以找到符合上述要求的监测场时，可酌情放宽，即障碍物与监测仪器的距离不得少于障碍物与仪器器口高差的2倍，且应力求在比较开阔和风力较弱的地点设置监测场，或设立杆式雨量器（计）。如在有障碍物处设立杆式雨量器（计），应将仪器设置在当地雨期常年盛行风向过障碍物的侧风区，杆位离开障碍物边缘的距离，至少为障碍物高度的1.5倍。在多风的高山、出山口、近海岸地区的雨量站，不宜设置杆式雨量器（计）。

2.4.1.2 不同高程监测点布置

山洪易发区降雨量与高程变化有一定的相关性，不同地区高程与降雨量的关系不同，而且大气环流、水汽含量、山脉、气温、太阳辐射、地形的陡缓等对降雨量的影响很大。因此，山洪易发区降雨量监测点布置应该考虑高程与降雨量关系，根据本地区生活条件、设站目的、地形等条件确定，根据实际需要考虑降雨量布置测点数。

2.4.1.3 降雨量监测仪器

降雨量主要采用雨量器或雨量计来监测。我国使用的监测降雨量的仪器有雨量器、虹吸式雨量计和翻斗式雨量计。目前普遍用于降雨量监测的是翻斗式雨量计，雨量计的承雨器口内径采用200mm，允许误差为0～0.6mm。承雨器口呈内直外斜的刀刃形，刃口锐角为40°～45°。

翻斗式雨量计结构简单、性能可靠，可把降雨量转换成电信号，便于自动采集，已广泛应用于水文自动测报系统和雨量固态存储系统等自动化采集的系统中。

2.4.2 水位监测

水位监测分为水库水位监测和河道控制断面水位监测。

2.4.2.1　测站设置

水位站的站址选择应满足监测目的和监测精度的要求，水位监测断面宜选在岸坡稳定、水位具有代表性的地点。水位监测的水准基面应与水工建筑物的水准基面一致。

（1）上游（水库）水位监测。水位监测站应设在水面平稳、受风浪和泄流影响较小、便于安装设备和监测的地点。一般设置在岸坡稳固处或永久性建筑物上，能代表坝前平稳水位的地点。

（2）河道控制断面水位监测。河道控制断面水位监测站应与测流断面统一布置，一般选择在水流平顺、受泄流影响较小、便于安装设备和监测的地点。

2.4.2.2　监测方法

根据水位测点的地形、水流条件等，水位监测一般可采用水尺、浮子式水位计、压力式水位计和雷达式水位计等。

（1）水尺。每个水位测点必须设置水尺进行水位监测，即使采用其他水位监测方式，也应设置水尺，它是水位测量基准值的来源，也可以定期进行比对和校测。

根据水尺安装使用方式的不同，可分为直立式水尺、倾斜式水尺和矮桩式水尺。

水尺设置完成后，对设置的水尺必须统一编号，各种编号的排列顺序应为组号、脚号、支号、支号辅助号。水尺编号应标在直立式水尺的靠桩上部、矮桩式水尺的桩顶上或倾斜式水尺的斜面上明显位置。

（2）浮子式水位计。浮子式水位计具有简单可靠、精度高、易于维护等特点。浮子式水位计用浮子感应水位，浮子漂浮在水位井内，随水位升降而升降。浮子上的悬索绕过水位轮悬挂一平衡锤，由平衡锤自动控制悬索的位移和张紧。悬索在水位升降时带动水位轮旋转，从而将水位的升降转换为水位轮的旋转，使得直线位移量准确地转换为相应的数字量。浮子式水位计可以用于能建水位井的所有水位监测点，并必须安装在水位井内。浮子式水位计适合于泥沙淤积小、测井内不结冰、无干扰的环境。

（3）压力式水位计。压力式水位计的优点是安装方便，无需建造水位测井。压力式水位计按压力传递方式分为投入式水位计和气泡式水位计。投入式水位计是将压力传感器直接安装于水下，通过通气电缆将信号引至测量仪表；气泡式水位计是通过一根气管向水下的固定测点吹气，使吹气管内的气体压力和测点的静水压力平衡，通过量测吹气管内压力实现水位的测量，其传感器置于水面以上。

（4）雷达式水位计。传感器发出短微波脉冲，然后接收从水面反射回来的信号，并将信号转化为传感器到水面的距离，再用传感器安装高程减去这个距离即得到水位。

2.4.3 流量监测

2.4.3.1 监测布置

流量监测断面应选择断面稳定、水流顺直的河段，必要时还应对测流断面进行人工处理，如修直河道、建设宽顶堰等。

2.4.3.2 监测方法

（1）转子式流速仪法。转子式流速仪是水文测验中使用最广的常规测量仪器。转子式流速仪由旋转、发讯、身架、尾翼和悬挂等部件组成。转子式流速仪是根据水流对转子的动量传递进行工作的，将水流直线运动能量通过转子转换成转矩。在一定的流速范围内，流速仪转子的转速与水流速度呈近似的线性关系。即

$$v = Kn + C \tag{2.1}$$

式中：v 为水流流速，m/s；K 为流速仪转子倍常数；n 为流速仪转子的转率，r/s；C 为常数。流速的 K、C 通过流速仪检定水槽得到。

（2）量水建筑物测流法。量水建筑物测流法应选择顺直平缓河段，处于缓流状态，顺直河段长度，一般应不小于过水断面总宽的 3 倍，当堰闸宽度小于 5m 时，顺直河段长度应不小于最大水头的 5 倍。行近槽段内应水流平顺，河槽断面规则，断面内流速分布对称均匀，河床和岸边无乱石、土堆、水草等阻水物。当天然河道达

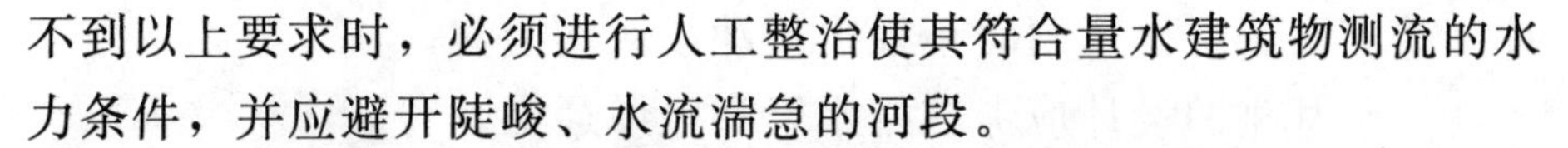

不到以上要求时，必须进行人工整治使其符合量水建筑物测流的水力条件，并应避开陡峻、水流湍急的河段。

水尺高程设置及高程测量，按照《水位观测标准》（GB 50138—2010）和现行有关水文测量规范的规定执行。根据现场率定和同类型综合的流量系数推求流量，建立水位-流量关系曲线。

2.5 水雨情监测系统土建及安装

2.5.1 雨量监测站

雨量计的安装场地选择设置应符合《降雨量观测规范》（SL 21—2006）有关规定；雨量计的安装应符合 SL 21—2006 要求；在特定场合，在满足应用要求前提下安装环境要求可适当放宽。

2.5.1.1 场地

（1）监测场地面积仅设一台雨量器（计）时为 4m×4m，监测场地应平整，地面种草或作物，其高度不宜超过 20cm。场地四周设置栏栅防护，场内铺设监测人行小路。栏栅条的疏密以不阻滞空气流通又能削弱通过监测场的风力为准，在多雪地区还应考虑在近地面不致形成雪堆。有条件的地区，可利用灌木防护。栏栅或灌木的高度一般为 1.2～1.5m，并应常年保持一定的高度。杆式雨量器（计），可在其周围半径为 1.0m 的范围内设置栏栅防护。

（2）监测场内的仪器安置要使仪器相互不受影响，监测场内的小路及门的设置方向，要便于进行监测工作。

（3）在监测场地周围有障碍物时，应测量障碍物所在的方位、高度及其边缘至仪器的距离，在山区应测量仪器口至山顶的仰角。

2.5.1.2 雨量计的安装

（1）雨量计安装高度。雨量计承雨器口在水平状态下至监测场地面的高度应为 0.7m。

（2）雨量计安装时，应用水平尺校正，使承雨器口处于水平状态。

（3）雨量计应固定于混凝土基座上，基座入土深度以确保雨量计安装牢固、遇暴风雨时不发生抖动或倾斜为宜。

（4）基座的设计应考虑排水管和电缆通道。

（5）信号输出电缆为两芯屏蔽线，电线接头从仪器底座的橡胶电缆护套穿进后打结，固定在雨量计内计量组件上方的接线架上。

（6）接线后，调整调平螺帽，使圆水泡居中，即表示计量组件处于水平状态，然后用螺钉锁紧。

（7）用手轻轻拨转翻斗部件，检查接收部分的信号是否正常。

（8）套上筒身，用三个螺钉锁紧。至此，仪器安装完毕。

（9）连接雨量计的信号线屏蔽层应悬空（因信号线的另一端已连接监测仪），否则，不仅屏蔽效果不好，且容易导致雷击。

（10）雨量计引出的信号线一般应采用线管保护后入地，尽量避免架空，安装牢靠，防止意外拉断，确保信号畅通、可靠。

（11）安装完毕后，检查所有接头、紧固螺丝等是否牢固。

（12）在离开现场前，观察雨量计周边环境，看有没有可能遮蔽雨量计的障碍物，如果有的话，应彻底清除。

（13）雨量计的现场测试。现场调试时应使用量杯进行3次人工注水试验（每次注水10mm，5～10min内均匀注完水量），并监测仪器记数是否与所注入水量一致（为保证数据的精度，可以采用医用输液器点注观察）。测试误差在±0.2mm（半斗左右），超过误差应进行调整。每次测试后一定要做好记录，以便整编时能清除测试数据。

2.5.2 水位监测站

应提出水雨情遥测站站房结构、面积、防雷接地、电缆敷设、水位测井和通信设施以及其他设备安装场地等土建工程应满足的基本要求。水位计的建筑物应符合当地抗震设计要求。

2.5.2.1 浮子式水位计

使用浮子式水位计时，必须建设水位测井。水位测井的布置型式，按其在断面上的位置可分为岛式、岸式和岛岸结合式，见图2.6。岛式布置型式适用于不易受冰凌、船只和漂浮物等撞击的测站；岸式布置型式可以避免冰凌、船只和漂浮物等的撞击，适用于岸边稳定、岸坡较陡、泥沙淤积较少的测站；岛岸结合式布置型式兼有岛式、岸式的特点，适用于中、低水位易受冰凌、船只和漂浮物等撞击的测站。

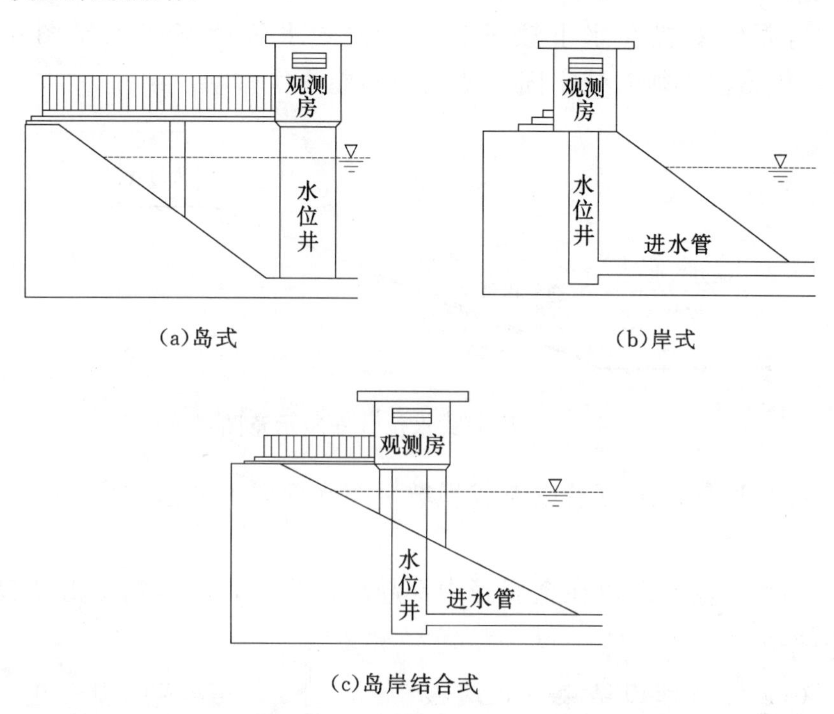

图 2.6 水位测井示意图

有些水库建设水位井较为困难，或造价很高，使其在使用上受到一定限制，可在坝前具有垂直建筑物且不受泄流影响的位置建设水位测井。

水位测井不应干扰水流的流态，测井截面可建成圆形或椭圆形。井壁必须垂直，井底应低于设计最低水位 0.5～1m，测井口应高于设计最高水位 0.5～1m。水位测井井底及进水管应设防淤和清淤设施，卧式进水管可在入水口建沉沙池。测井及进水管应定期清除泥沙。浮子式水位计还应符合以下要求：①仪器应放置于能遮蔽风雨的建筑物内；②应在测井口正上方约 1.2m 的地方设置安放仪器的平台；③测井直径应≥450mm，并符合《水文测量规范》

(SL 58—2014) 规定。

2.5.2.2　压力式水位计

（1）压力式水位计传感器或变送器必须安置在被测水体使用期最低水位以下。砂质砾石河床，可埋设于砾石之中；淤泥细砂质河床，可固定安置在水下矮桩上。压力式水位计安装示意图见图2.7；传感器必须安装牢固，使用中不能产生移动。

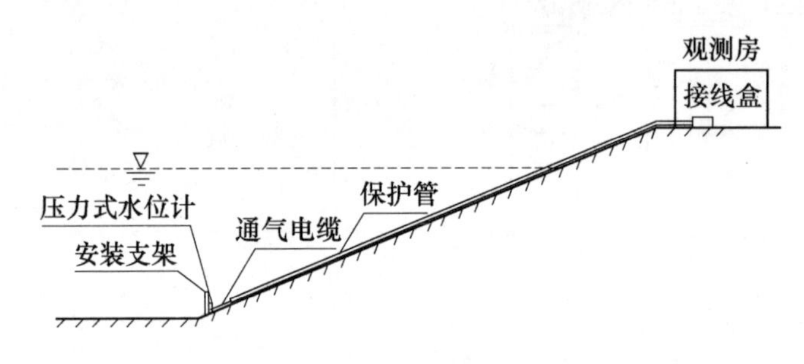

图2.7　压力式水位计安装示意图

（2）通气电缆可沿岸坡或坝坡引至水面以上的监测房，并接入防潮接线盒。

（3）传输电缆以在金属管中穿越埋设为好，既达到防雷又起到保护作用。

（4）安装埋设结束后，应根据当前水位，确定传感器零点高程，并给出水位计算公式。

2.5.2.3　雷达式水位计

雷达水位计一般安装在水库、河流的岸上，通过基座固定。雷达水位计安装示意图见图2.8。

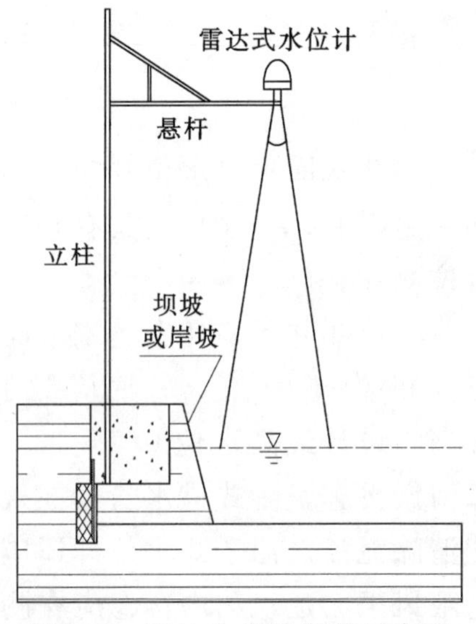

图2.8　雷达水位计安装示意图

（1）因为雷达水位计发射的信号跟手电筒光一样，呈圆锥形向外扩散，所以要求在最大量程的前提下，发射的信号不能遇到

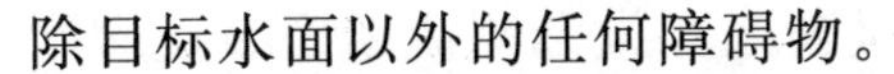

除目标水面以外的任何障碍物。

(2) 安装支架高度要高于最高水位 1m 以上，保证测量水位不要淹没传感器，传感器安装务必保证垂直于水面。

(3) 所有电缆都要穿管安装，所有进出线口都必须密封好，不能进水。

(4) 在有风或者有其他冲击的情况下，支架不会晃动、颤抖；必要时，需要加装防雷器和避雷针，以减少雷击对设备的损坏。

(5) 安装埋设结束后，应根据当前水位，确定传感器零点高程，并给出水位计算公式。

2.5.3　流量监测站

2.5.3.1　水工建筑物测流类型

明渠水流上的堰、闸门、涵洞可用于水工建筑测流。堰、闸门、涵洞的形状稳定，水流遵循一定水力学原理流过过水断面和水道。水工建筑物上下水位有一定落差，在一些场合形成自由流，水位流量关系比较稳定，测得上游水位（水头）可以根据水位—流量关系推算流量。在一些场合可能是“淹没流”状态，如果“淹没”程度在一定范围内，测量水工建筑物上游、下游水位（水头）差，也可以从“淹没流”状态时的水位（水头）差—流量关系推算流量。只是淹没流时，推算流量比较复杂，流量测量准确度也要差一些。

2.5.3.2　要求

(1) 水工建筑物对水流产生垂直或平面的约束控制作用，形成水面明显的局部降落，产生一定的水头差。遇有淹没出流时，建筑物上下游的水头差一般不应小于 0.05m。

(2) 水工建筑物的上下游进出水口和底部均不能有明显冲淤变化和障碍阻塞。

(3) 位于河渠上的堰闸进水段，应有造成缓流条件的顺直河槽。河槽的顺直段长度不宜小于过水断面总宽的 3 倍。有淹没出流的堰闸，下游顺直河段长度不宜小于过水断面总宽的 2 倍。另外，堰闸、涵洞、水电站及泵站水位测量断面布设和测流断面布设应严格按照水力学、水文条件要求加以考虑。

2.5.3.3 流量系数确定

确定流量系数可采用现场率定、模型实验、同类综合和经验系数等方法，并应符合下列要求：

（1）采用水工建筑物测流的测站，现场率定时，应用流速面积法按高水位、中水位、低水位对流量系数进行率定。

（2）已采用水工建筑物测流的测站，应定期（3～5年）进行流量系数检验。

（3）无法进行现场率定流量系数的测站，可采用模型试验、同类综合和经验系数等方法确定流量系数。

（4）采用模型试验、同类综合和经验系数等方法确定流量系数可作为超标洪水、洪水调查等特殊情况下的流量测验方法，不宜作为常规流量测验方法。

2.5.4 中心站

（1）应提出遥测站站房结构、面积、防雷接地、电缆敷设、雨量监测场地和通信设施以及其他设备安装场地等土建工程应满足的基本要求。

（2）应根据中心站的设备配置和工作需要，提出中心站机房的面积、供电条件、温度、湿度、防静电和防雷接地等环境要求。

（3）水雨情自动测报系统的建筑物应符合当地抗震设计要求。

2.6 水雨情监测系统供电电源

（1）水雨情自动监测系统的电源应稳定可靠，满足用电设备长期正常工作的要求。

（2）供电电源应因地制宜地设计防雷措施，并按照《水文自动测报系统技术规范》（SL 61—2013）相关规定统一进行设计。

（3）野外站的电源设计应符合以下要求：

1）宜采用太阳能电池板/浮充蓄电池供电，并根据当地日照条件、连续阴雨天数和测站功耗等因素进行太阳能电池板和蓄电池的容量设计，具备过充电保护、过放电保护功能。

2）若采用市电供电方式，应采用市电浮充蓄电池方式，具备过充电保护、过放电保护功能。输入电源：单相交流电压220V±44V、50Hz±1Hz。

3）蓄电池配置应满足以下要求：①电压：可选用6V、12V或24V供电，宜使用12V；②蓄电池供电能力：蓄电池提供电流的能力应达到所配设备的最大工作电流的1.5倍；③容量：依照《水文自动测报系统技术规范》（SL 61—2003）相关规定执行。

（4）中心站电源设计应符合下列要求：

1）中心站宜采用交流电供电。为保证设备供电，应配备不间断电源，后备电池应能维持主要设备运行4h以上。

2）电源设备配置应满足以下要求：①选择的电源设备的输入特性应能适应当地供电的电压、频率波动范围；电源设备的输出特性应能满足其后端设备的电源输入要求。②当供电电源质量不能满足UPS等电源设备的使用要求时，中心站必须采取稳压、滤波等措施，使电源质量符合设备要求。③中心站需要配置直流电源时，参照《水文自动测报系统技术规范》（SL 61—2003）相关规定执行。

2.7 资料整编与分析

2.7.1 资料整编要求

（1）整编前，应收集原始资料、考证资料、水文调查成果等有关分析图表和文字说明。

（2）应该根据测站特性、整编项目的测验情况，合理选择整编方法。

（3）编制图表及计算应包括各种过程线图、要素相关图、各种实测成果表及其他辅助计算图表等。

（4）应整理数据、输入数据、计算及输出各项目整编成果。

（5）应进行单站资料的合理性检查。

（6）整编过程中，应该全面了解监测情况并深入进行资料分析，做到推算方法正确，复核测站特性。对整编成果进行合理性检查，以分析研究各水文要素的变化规律，使成果合理可靠。

（7）当缺测资料时间较短、次数较少时，应该通过邻站或上游、下游资料对照或用其他方法进行分析插补，并应予以说明。

2.7.2　资料整编内容

2.7.2.1　说明资料应包括的内容

（1）整编说明。

（2）水位、水文一览表。

（3）降雨量一览表。

（4）水位水文站分布图。

（5）水文要素综合图表。

（6）测站考证图表。

2.7.2.2　资料整编应符合的要求

（1）降雨量资料整编。

1）全年或汛期连续 4 个月监测降雨量的站应编制逐日降雨量表。

2）四段制及四段制以上监测站（人工、自记）应编制降雨量摘录表。

3）采用自记资料整编的站应编制各时段最大降雨量表，站网密度较大的地区可选择代表站编制；按四段制及四段制以上人工监测，未编制各时段最大降雨量表的站应编制各时段最大降雨量表。

（2）水位资料整编。

1）水位、水文站的水位有独立使用价值的应编制逐日平均水位表。

2）洪水期日平均水位不能代表水位变化过程的水位站应编制洪水水位摘录表。

（3）流量资料整编：①山洪易发区河流应编制实测流量成果表；②山洪易发区河道、水库及有需要的渠道站应编制逐日平均流量表；③水库站应编制水库水文要素摘录表。

（4）暴雨调查资料整编：①暴雨调查说明及成果表；②暴雨等值线图。

（5）洪水调查资料整编：①洪水调查说明及成果表；②洪水调查河段平面图；③洪水痕迹调查表。

3 山洪易发区水库大坝安全监测

山洪易发区水库大坝主要为土石坝，水库大坝安全监测主要为土石坝安全监测，对大坝安全状况实施监测的目的，一是监视大坝在运行期间的安全状况。及时准确的大坝安全监测资料，可以为评估大坝工作性态提供科学依据，进而通过控制运用或加固等工程措施来保障大坝的安全。二是可以在施工过程中不断获得反馈信息，用以验证设计的合理性，并为修正水工设计提供科学依据。大坝安全监测是了解大坝安全性态、对大坝安全实施科学管理必不可少的重要手段。

3.1 巡视检查

（1）巡视检查分为日常巡视检查、年度巡视检查和特别巡视检查三类。工程施工期、初蓄期和运行期均应进行巡视检查。

（2）巡视检查应根据工程的具体情况和特点，制定切实可行的检查制度。具体规定巡视的时间、部位、内容和方法，并确定其路线和顺序，应由有经验的技术人员负责进行。

（3）日常巡视检查的项目和频次见附录A，但遇特殊情况和工程出现不安全征兆时，应增加测次。

（4）年度巡视检查应在每年的汛前汛后、冰冻较严重地区的冰冻和融冰期，按规定的检查项目，对土石坝进行全面或专门的巡视检查。检查次数，每年不应少于2次。

（5）特别巡视检查应在坝区遇到大洪水、大暴雨、地震、库水位骤变、高水位运行以及其他影响大坝安全运用的特殊情况时进行，必要时应组织专人对可能出现险情的部位进行连续监视。

3.1.1 巡视检查项目和内容

（1）坝体检查应包括以下各项：

1）坝顶有无裂缝、异常变形等现象；防浪墙有无开裂、挤碎、架空、错断、倾斜等情况。

2）迎水坡护面或护坡是否损坏；有无裂缝、剥落、滑动、隆起、塌坑、冲刷等现象；近坝水面有无冒泡、变浑等异常现象；块石护坡有无块石翻起、松动、塌陷、垫层流失、架空或风化变质等损坏现象。

3）背水坡及坝趾有无裂缝、剥落、滑动、隆起、冒水、渗水坑或流土、管涌等现象；表面排水系统是否通畅，有无裂缝或损坏；滤水坝趾、减压井（或沟）等导渗降压设施有无异常或破坏现象；排水反滤设施是否堵塞和排水不畅，渗水有无骤增骤减和发生浑浊现象。

（2）坝基和坝区检查应包括以下各项：

1）基础排水设施的工况是否正常；渗漏水的水量、颜色、气味及浑浊度、酸碱度、温度有无变化。

2）坝体与岸坡连接处有无错动、开裂及渗水等情况；两岸坝端区有无裂缝、滑动、滑坡、崩塌、溶蚀、隆起、塌坑、异常渗水等。

3）坝趾近区有无阴湿、渗水、管涌、流土或隆起等现象；排水设施是否完好。

4）坝端岸坡有无裂缝、塌滑迹象；护坡有无隆起、塌陷或其他损坏情况；下游岸坡地下水露头及绕坝渗流是否正常。

5）有条件时应检查上游铺盖有无裂缝、塌坑。

（3）输泄水洞（管）检查应包括以下各项：

1）引水段有无堵塞、淤积、崩塌。

2）进水口边坡坡面有无新裂缝、塌滑发生，原有裂缝有无扩大、延伸；地表有无隆起或下陷；排（截）水沟是否通畅、排水孔工作是否正常；有无新的地下水露头，渗水量有无变化。

3）进水塔（或竖井）混凝土有无裂缝、渗水、空蚀或其他损坏现象；塔体有无倾斜或不均匀沉降。

4）洞（管）身有无裂缝、坍塌、鼓起、渗水、空蚀等现象；原有裂（接）缝有无扩展、延伸；放水时洞内声音是否正常。

5）工作桥是否有不均匀沉陷、裂缝、断裂等现象。

（4）溢洪道检查应包括以下各项：

1）进水段（引渠）有无坍塌、崩岸、淤堵或其他阻水现象；流态是否正常。

2）堰顶或闸室、闸墩、胸墙、边墙、溢流面、底板有无裂缝、渗水、剥落、冲刷、磨损、空蚀等现象；伸缩缝、排水孔是否完好。

（5）近坝岸坡检查应包括以下各项：

1）岸坡有无冲刷、开裂、崩塌及滑移迹象。

2）岸坡护面及支护结构有无变形、裂缝及位错。

3）岸坡地下水露头有无异常，表面排水设施和排水孔工作是否正常。

3.1.2　检查方法应符合的规定

常规检查方法主要为眼看、耳听、手摸、鼻嗅、脚踩等直观方法，或辅以锤、钎、钢卷尺、放大镜、石蕊试纸等简单工具器材，对工程表面和异常现象进行检查。对安装了视频监控系统的土石坝，可利用视频图像辅助检查。检查应符合以下要求：

（1）日常巡视检查人员应相对稳定，检查时应带好必要的辅助工具和记录笔、记录簿以及照相机、录像机等影像设备。

（2）汛期高水位情况下对大坝表面（包括坝脚、镇压层）进行巡查时，宜由数人列队进行拉网式检查，防止疏漏。

3.1.3　记录和报告

（1）每次巡视检查均应按附录B巡视检查记录表格式做好详

细的现场记录。如发现异常情况，除应详细记述时间、部位、险情和绘出草图外，必要时应测图、摄影或录像。对于有可疑迹象部位的记录，应在现场就地对其进行校对，确定无误后才能离开现场。

（2）日常巡视检查中发现异常现象时，应分析原因，及时上报主管部门。

（3）各种巡视检查的记录、图件和报告的纸质文档和电子文档等均应整理归档。

3.2 大坝安全监测项目

由于山洪易发区水库基本为中小型水库，大坝安全监测的主要目的是监视水库大坝的运行安全性态，为安全预警和运行调度提供科学依据，故其重点监测项目是变形、渗流和环境量监测。

3.2.1 变形监测

大坝在自重、水压力、扬压力、冰压力、泥沙淤积压力及温度等荷载作用下，会产生变形，变形监测是了解大坝工作性态的重要内容，变形监测主要包括以下几方面：

（1）表面变形：为了解大坝在施工和运行期间是否稳定和安全，应对其进行位移监测，以掌握它的变形规律，研究有无裂缝、滑坡、滑动和倾覆等趋势。表面变形包括竖向位移和水平位移。

（2）内部变形：内部变形包括竖向位移和分层水平位移。

（3）坝基变形：为了解大坝在自重和水压力作用下的变形情况，需对坝基进行变形监测。

（4）裂缝及接缝：水工建筑物在设计和施工中均留有一些接缝，如混凝土面板的接缝和周边缝等。

（5）混凝土面板变形：混凝土面板的变形监测包括面板的表面位移、挠度、接缝和裂缝等。

（6）岸坡位移：对于危及大坝、输泄水建筑物及附属设施安全和运行的滑坡体应进行监测，以监视其发展趋势，必要时采取处理措施。岸坡位移监测主要包括表面位移、裂缝及深层位移等。

3.2.2 渗流监测

渗流监测是指对在上下游水位差作用下产生的渗流场的监测，主要包括渗流压力、渗流量监测。渗流监测主要包括坝体渗流、坝基渗流、绕坝渗流和渗流量。

（1）坝体渗流：坝体渗流监测是为了掌握坝体浸润面的变化情况，如果高于设计值，就可能造成滑坡失稳。

（2）坝基渗流：坝基渗流监测可以检验有无管涌、流土及接触面的渗流破坏，判断大坝防渗设施的效果。

（3）绕坝渗流：绕坝渗流除影响两岸山体本身的安全外，对坝体和坝基的渗流也可能产生不利的影响，如抬高岸坡部分坝体的浸润面或使坝基的渗流压力增大，在坝体与岸坡或混凝土建筑物的接触面上可能产生接触渗透破坏等。

（4）渗流量：渗流量的变化能直观全面地反映坝的工作状态，据此分析大坝运行期的安全性，所以渗流量一般是必测项目。

坝体、坝基和绕坝渗流压力一般采用测压管和埋设渗压计的方法进行监测；渗流量的监测可采用三角量水堰的方法进行监测。

3.2.3 环境量监测

为了解水库大坝上游、下游水位和雨量等环境量的变化，对坝体变形、渗流等情况的影响，为其分析计算提供环境量资料，应进行水库大坝的环境量监测。环境量监测包括上游、下游水位和雨量等。

（1）上游、下游水位监测应根据水文监测的有关规范和监测手册在水库大坝上游、下游选择合适的监测点。

（2）降雨量监测应根据水雨情监测的有关规范和监测手册在坝址区设雨量站，按规定进行监测。

3.3　变形监测方法

变形监测内容主要有表面变形、内部变形、挠度、倾斜、裂缝和接缝，以及岸坡位移等。表面变形监测包括竖向位移和水平位移，水平位移中包括垂直坝轴线的横向水平位移和平行坝轴线的纵向水平位移。

3.3.1　变形监测的一般要求

（1）变形监测用的平面坐标及水准高程，应与设计、施工和运行等阶段的控制网坐标系统相一致。

（2）表面竖向位移及水平位移监测，一般应共用一个测点。深层竖向及水平位移监测应尽量与表面位移结合布置，并应配合进行监测。

（3）建筑物上各类测点应和建筑物牢固结合，能代表建筑物变形，测点应有可靠的保护装置。

（4）监测基点应设在稳定区域内，应埋设在新鲜或微风化基岩上，保证基点稳固可靠，基点应有可靠的保护装置。

（5）变形监测的正负应遵守以下规定：

1）水平位移：向下游为正，向左岸为正，反之为负。

2）竖向位移：向下为正，向上为负。

3）裂缝和接缝三向位移：对开合，张开为正，闭合为负；对滑移，向坡下为正，向左为正，反之为负。

4）倾斜：向下游转动为正，向左岸转动为正，反之为负。

（6）监测测次应满足《土石坝安全监测技术规范》（SL 551—2012）规定。

3.3.2　表面变形监测

大坝表面变形监测是在大坝表面布设固定的监测点，变形监测时，竖向位移和水平位移监测应配合进行，并应同时监测上游、下游水位。

3.3.2.1 土石坝表面变形监测设计

(1) 监测纵断面。土石坝表面变形监测的监测纵断面一般不少于4个，通常在上游坝坡正常蓄水位以上布设1个（一般在正常蓄水位以上1m处），坝顶布设1个（一般布置在下游坝肩，切不可布置在防浪墙上），下游坝坡半坝高以上布设1～3个，半坝高以下布设1～2个（含坡脚1个）。对于软基上的土石坝，还应在下游坝趾外侧增设1～2个。其具体位置应根据坝坡抗滑稳定计算的成果确定。

(2) 监测横断面。土石坝表面变形监测的监测横断面一般布置在最大坝高处、原河床处、合龙段、地形突变处、地质条件复杂处、坝内埋管或水库运行时可能发生异常处。

坝长小于300m时，监测横断面的间距宜为20～50m；坝长大于300m时，监测横断面的间距宜为50～100m，一般监测横断面不少于3个。对V形河谷中的高坝和两坝端，以及坝基地形变化陡峻坝段，应适当加密。

(3) 监测点。在每个监测横断面和纵断面交点处布设表面变形监测点。

(4) 工作基点和校核基点。工作基点应在每一纵排测点两端岸坡的延长线上布设，其高程宜与测点高程相近。

采用视准线法进行横向水平位移监测的工作基点应在两岸每一纵排测点的延长线上各布设一个；当坝轴线为折线或坝长超过500m时，可在坝身每一纵排测点中增设工作基点（可用测点代替），工作基点的距离保持在250m左右。当坝长超过1000m时，一般可用三角网法监测增设工作基点的水平位移，有条件的，宜用测边网、测边测角网法或倒垂线法。水准基点一般在土石坝下游1～3km处布设2～3个。

采用视准线法监测的校核基点，应在两岸同排工作基点连线的延长线上各设1～2个。

3.3.2.2 近坝区岩体及滑坡体变形监测设计

(1) 近坝区岩体监测点。在两岸坝肩附近的近坝区山体垂直于坝轴线方向各布设1～2个监测横断面。每个横断面上布设3～4个监测点，一般坝轴线或上游1个，下游2～3个。

（2）滑坡体监测点。在滑坡体顺滑移方向布设1～3个监测断面，每个监测断面上布设不少于3个监测点，一般布设在滑坡体后缘至正常蓄水位之间。

（3）工作基点和校核基点。工作基点和校核基点可设在监测点附近的稳定岩体上。

3.3.2.3 监测设施及其安装

（1）监测设施。监测点和基点的结构必须坚固可靠，且不易变形；并力求美观大方、协调实用。测点可采用柱式或墩式，其立柱应高出坝面0.6～1.0m，立柱顶部应设有强制对中底盘，其对中误差均应小于0.2mm。工作基点和校核基点一般采用整体钢筋混凝土结构，立柱高度应大于1.2m，立柱顶部强制对中底盘的对中误差应小于0.1mm。土基上的测点或基点，可采用墩式混凝土结构。在岩基上基点，可凿坑就地浇筑混凝土。在坚硬基岩埋深大于5cm情况下，可采用深埋双金属管柱作为基点。水平位移监测的觇标，可采用觇标杆、觇牌或电光灯标。

（2）监测设施的安装。监测点和土基上基点的底座埋入土层的深度不小于0.5m，冰冻区应深入冰冻线以下。监测设施应采取可靠措施防止雨水冲刷、护坡块石挤压和人为碰撞。埋设时，应保持立柱铅直，仪器基座水平，并使各测点强制对中底盘中心位于视准线上，其偏差不得大于10mm，底盘调整水平，倾斜度不得大于4′。

3.3.2.4 表面变形监测方法

（1）水平位移监测。水平位移的监测方法，主要有视准线法、引张线法、垂线法、激光准直法、精密导线法等，可根据坝型和其他具体条件合理选用。

对坝轴线为直线的大坝，目前多采用视准线法和引张线法等。视准线法（含活动觇标法）监测和计算简便，但易受外界影响，当视线不长时，其监测精度较高，比较适用。引张线法设备简单，安装方便，能监测不同高程的水平位移，且不受外界因素影响；其监测也简便，精度高，速度快，重复性好，可遥测、自记和数字显示等。激光准直法具有方向性强，亮度高，单色性和相干性好等特点，监测精度高；其缺点是随着准直距离的增大，光斑直径扩大，当准直距离达500m时，光斑直径达25mm，光强大为减弱，同时由于温度变化，激光管谐振受热不均，以及大气抖动等因素影响而发生光斑漂移，影响监测精度，因而还未广泛应用。水平位移可根据工程情况采用合适监测方法，也可将以上几种方法结合使用。

(2) 竖向位移监测。竖向位移是大坝变形监测中的主要项目之一。大坝在外界因素作用下，沿铅直方向产生位移，坝体沿某一铅直线（垂直）或水平面还会产生转动变形。为掌握大坝及基础变形情况，一般中小型水库的大坝，竖向位移是必测项目。

竖向位移监测方法有精密水准法、静力水准法和三角高程法。在基础竖向位移监测中，多采用多点基岩变位计测量基础内部沿铅直向的位移。

(3) 三维位移监测法。全球地球卫星定位（GNSS）监测：随着科学技术的发展，卫星通信和全球卫星定位系统已广泛应用于社会的各个行业。GNSS变形自动监测系统，可测出同一时刻大坝上各监测点的变形量，即所有监测点监测时间是同步的，能客观地反映出大坝在某一时刻各坝段的变形情况。监测点的三维位移能同步测出。

全站仪监测：全站仪可进行大坝表面变形的三维位移监测，它能够自动整平、调焦、正倒镜监测、误差改正、记录监测数据，并能进行自动目标识别，操作人员不再需要精确瞄准和调焦，一旦粗略瞄准棱镜后，全站仪就可搜寻到目标，并自动瞄准，大大提高工作效率。

3.3.3 内部变形监测

3.3.3.1 土石坝内部变形监测设计

内部变形监测包括分层竖向位移、分层水平位移及界面位移监

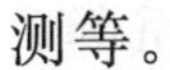

测等。

（1）分层竖向位移。分层竖向位移监测断面应布置在最大横断面及其他特征断面（主河槽、合龙段、地质及地形复杂段、结构及施工薄弱段等）上，一般可设1～3个断面。每个监测断面上可布设1～3条监测垂线，其中一条宜布设在坝轴线附近。监测垂线的布置应尽量形成纵向监测断面。

（2）分层水平位移。分层水平位移的监测布置与分层竖向位移监测相同。监测断面可布置在最大断面及两坝端受拉区，一般可设1～3个断面。监测垂线一般布设在坝轴线或坝肩附近，或其他需要测定的部位。测点的间距，对于活动式测斜仪为0.5m或1.0m；对于固定式测斜仪，可参考分层竖向位移监测点间距，并宜结合布设。

（3）界面位移。界面位移测点，通常布设在坝体与岸坡连接处、组合坝型不同坝型交界及土坝与混凝土建筑物连接处，测定界面上两种介质相对的法向及切向位移。

3.3.3.2 内部竖向位移监测方法

（1）水管式沉降仪。水管式沉降仪适用于长期监测土石坝、土堤、边坡等土体内部的沉降，是了解被测物体稳定性的有效监测设备。水管式沉降仪是利用液体在连通管内的两端处于同一水平面的原理而制成，在监测房内所测得的液面高程即为沉降测头内溢流口液面的高程，液面用目测的方式在玻璃管刻度上直接读出也可自动读出。被测点的沉降量等于实时测量高程读数相对于基准高程读数的变化量，再加上监测房内固定标点的沉降量即为被测点的最终沉降量。监测房内固定标点的沉降量由视准线测出。

（2）振弦式沉降仪。振弦式沉降仪可自动测量不同点之间的沉降，它由储液罐、通液管和传感器组成，储液罐放置在固定的基准点并用两根充满液体的通液管把它们连接在沉降测点的传感器上，传感器通过通液管感应液体的压力，并换算为液柱的高度，由此可以实现在储液罐和传感器之间测量出不同高程的任意测点的高度。

通常可以用它来测量堤坝、公路填土及相关建筑物的内外部沉降。

(3) 连杆式分层沉降仪。连杆式分层沉降仪是在坝体内埋设沉降管，在沉降管不同高程处设置沉降盘，沉降盘随坝体的沉降而移动，可采用电磁式、干簧管式测量仪表来测量沉降盘的高程变化，从而得到坝体的分层沉降值。沉降管随坝体填筑埋设时，可采用坑式埋设法和非坑式埋设法。对于软基及已建水坠坝，可采用带叉簧片的沉降环，用钻孔法埋设。

3.3.3.3 内部水平位移监测方法

(1) 测斜仪。测斜仪广泛适用于测量土石坝、面板坝、边坡、土基、岩体滑坡等结构物的内部水平位移，该仪器配合测斜管可反复使用。测斜仪由倾斜传感器、测杆、导向定位轮、信号传输电缆和测读显示部分等组成。

(2) 钢丝水平位移计。钢丝水平位移计适用于土石坝、土堤、边坡等土体内部的位移监测，是了解被测物体稳定性的有效监测设备。钢丝水平位移计可单独安装，亦可与水管式沉降仪联合安装进行监测。

钢丝水平位移计由锚固板、铟合金钢丝、保护钢管、伸缩接头、测量架、配重机构、读数游标卡尺等组成。当被测结构物发生水平位移时将会带动锚固板移动，通过固定在锚固板上的钢丝卡头传递给钢丝，钢丝再带动读数游标卡尺上的游标，用目测方式将位移数据读出。测点的位移量等于实时测量值与初始值之差，再加上监测房内固定标点的相对位移量。监测房内固定标点的位移量由视准线测出。

3.3.3.4 混凝土面板挠度监测方法

混凝土面板挠度监测可采用斜坡测斜仪或水管式沉降仪。水管式沉降仪测头埋设在面板之下的垫层中采用坑式埋设法。斜坡测斜仪由测斜传感器和测斜管组成，测斜管道宜采用铝合金管。测斜管道的安装一般将管道直接安设在面板表面，并将其下端固定于趾板上。在寒冷地区也可将管道设于面板之下，但在浇筑面板时应严加保护。

3.3.4　裂缝与接缝监测

3.3.4.1　土石坝裂缝与接缝监测设计

对已建坝的表面裂缝（非干缩、冰冻缝），凡缝宽大于5mm的、缝长大于5mm的、缝深大于2m的纵向缝、横向缝，都必须进行监测。混凝土面板堆石坝接缝监测布置：监测点一般应布设在正常高水位以下。周边缝的测点布置，一般在最大坝高处布置1～2个点；在两岸坡大约1/3、1/2及2/3坝高处各布置2～3点；在岸坡较陡、坡度突变及地质条件差的部位应酌情增加。受拉面板的接缝也应布设测缝计，高程分布与周边缝相同，且宜与周边缝测点组成纵横监测线。

接缝位移监测点的布置，还应与坝体竖向位移、水平位移及面板中的应力应变监测结合布置，便于综合分析和相互验证。

3.3.4.2　裂缝与接缝监测方法

（1）已建土石坝裂缝监测。对土石坝表面裂缝，可在缝面两侧埋设简易测点（桩），采用皮尺、钢尺等简单工具进行测量。对深层裂缝，当缝深不超过20～25m时，宜采用探坑、竖井或配合物等方法检查，必要时也可埋设测缝计（位移计）进行监测。

（2）测缝计监测。测缝计适用于长期埋设在水工建筑物或其他混凝土建筑物内或表面，测量结构物伸缩缝或周边缝的开合度（变形）。加装配套附件可组成基岩变位计、表面裂缝计等测量变形的仪器。

测缝计由前后端座、保护筒、信号传输电缆、传感器等组成。当结构物发生变形时将会引起测缝计的变化，通过前端座、后端座传递给传感器使其产生位移变化，变化信号经电缆传输至读数装置，即可测出被测结构物的变形量。

3.3.5　近坝岸坡位移监测

对于危及大坝、输泄水建筑物及附属设施安全和运行的新老滑坡体或潜在滑坡体必须进行监测。岸坡位移监测包括表面位移、裂缝、错位及深层位移的监测。有条件的应增设地下水位监测。

3.3.5.1 近坝库岸位移监测设计

(1) 表面位移测点布置，以能控制滑坡体范围及位移分布规律为度。通常顺滑坡方向布设 2～4 个监测断面，包括主滑断面及其他特征断面；每个断面宜在裂缝外侧（上方）布设 1 个测点，在内侧（下方）布设 1～3 个测点。当滑坡范围大，且复杂时，断面及测点可酌情增加。

(2) 裂缝监测点，可布设在最大裂缝处及可能的破裂面部位。

(3) 深层位移监测，可结合表面位移监测，在预计滑动区内设 1～3 个监测断面，每个断面布置 1～3 条测线，用以揭示内部变形（深层水平位移）规律及确定潜在滑动面。

3.3.5.2 近坝库岸位移监测方法

表面裂缝监测点应布设在裂缝或可能破裂面两侧，可用钢尺量测，也可用大量程测缝计（或土体位移计）监测。

3.4 渗流监测方法

了解大坝在施工和运用期间是否稳定和安全，以便采取正确的运行方式或进行必要的处理和加固，保证工程安全。土石坝渗流监测项目主要包括坝体浸润线、渗流压力、绕坝渗流、渗流量及渗流水质等。

3.4.1 渗流监测一般要求

(1) 大坝各项渗流监测应配合进行，并应同时监测上游、下游水位。

(2) 土石坝的浸润线和渗流压力可采用测压管或埋入式渗压计进行监测。测压管的滞后时间主要与土体的渗透系数（k）有关。当 $k \geqslant 10^{-3}$cm/s 的条件下，可采用测压管，其滞后时间的影响可以忽略不计；当 10^{-4}cm/s$\leqslant k \leqslant 10^{-5}$cm/s 时，采用测压管要考虑滞后时间的影响；当 $k \leqslant 10^{-6}$cm/s 时，由于滞后时间影响较大，不宜采用测压管。

(3) 采用渗压计量测渗流压力时，其精度不得低于满量程的5/1000。

(4) 渗流量的监测可采用量水堰或体积法。当采用水尺法测量量水堰堰顶水头时，水尺精度不低于1mm；采用水位测针或量水堰计量测堰顶水头时，精度不低于0.1mm。

3.4.2 土石坝渗流监测

土石坝坝体渗流压力监测包括坝体和坝基。

3.4.2.1 坝体渗流压力监测设计

(1) 监测横断面宜选在最大坝高处、合龙段、地形或地质条件复杂坝段，一般不得少于3个，并尽量与变形监测断面相结合。

(2) 监测横断面上的测点布置，应根据坝型结构、断面大小和渗流场特征，设3～4条监测铅直线，一般位置是：均质坝的上游坝肩、下游排水体前缘各1条，其间部位至少1条；斜墙（或面板）坝的斜墙下游侧、底部排水体前缘和其间部位各1条；宽塑性心墙坝，墙体内可设1～2条，心墙下游侧和排水体前缘各1条；窄塑性或刚性心墙坝，墙体外上游、下游侧各1条，排水体前缘1条，必要时经论证方可在墙体轴线处设1条。

(3) 监测铅直线上的测点布置，应根据坝高和需要监视的范围、渗流场特征，并考虑能通过流网分析确定浸润线位置，沿不同高程布点。一般原则是：在均质坝横断面中部，心墙、斜墙坝的强透水料区，每条铅直线上可只设1个监测点，高程应在预计最低浸润线之下；在渗流进口、出口段，渗流各向异性明显的土层中，以及浸润线变幅较大处，应根据预计浸润线的最大变幅，沿不同高程布设测点，每条铅直线上的测点数一般不少于2个。

(4) 需监测上游坝坡内渗压力分布的均质坝、心墙坝，应在上游坡的正常高水位与死水位之间适当设监测点。

3.4.2.2 坝体渗流压力安装

坝体渗流压力监测仪器，应根据不同的监测目的、土体透水性、渗流场特征以及埋设条件等，选用测压管或渗压计。

（1）测压管及其安装。测压管宜采用镀锌钢管或硬塑料管，内径采用50mm。测压管由透水段和导管组成，其透水段一般长1～2m，当用于点压力监测时应小于0.5m。测压管面积开孔率约10%～20%（孔眼形状不限，但须排列均匀和内壁无毛刺），外部包扎足以防止土颗粒进入的无纺土工织物，管底封闭，不留沉淀管段，透水段与孔壁之间用反滤料填满。测压管埋设前，应对钻孔深度、孔底高程、孔内水位、有无塌孔以及测压管加工质量、各管段长度、接头、管帽情况等进行全面检查并做好记录。测压管封孔完成后，应向孔内注水进行灵敏度试验，合格后方可使用。

在从造孔始至灵敏度检验合格止的全过程中，应随时记录和描述有关情况及数据，必要时需取样进行干密度、级配和渗透等试验。竣工时需提交完整的测压管钻孔柱状图和考证表，并存档妥善保管。

（2）渗压计及其安装。坝体内埋设渗压计有两种方法：①随坝体的填筑直接埋设；②钻孔埋设。渗压计埋设前，取下仪器端部的透水石，在钢膜片上涂一层黄油或凡士林以防生锈（但要避免堵孔）。安装前需将渗压计在水中浸泡24h以上，使其达到饱和状态，测读其零压状态下的读数。

1）在坝体中埋设渗压计方法。清理好渗压计埋设点处的基础面后，开挖埋设坑，坑底尺寸为15cm×40cm，深度40cm。将坑底部先铺10～15cm干净的中粗砂，并注水饱和，测头埋入后，周围回填中粗砂，注水饱和，并小心用人工击实。中粗砂以上可填筑坝体土料，坑深高度以内用人工分层夯实，其压实密度和含水量同坝体填土。在反滤层粗砂和沙砾料排水带中，以及河槽砂卵石坝基表面埋设渗压计的方法基本同上，依反滤关系，渗压计周围填料亦可用粗砂填筑。

2）钻孔中埋设渗压计方法。在埋设点位置垂直钻孔至预定深度以下50cm，孔径110mm。安装渗压计的钻孔均不得采用泥浆钻进。成孔后，在孔底用干净的细砂回填至渗压计端头以下15cm。

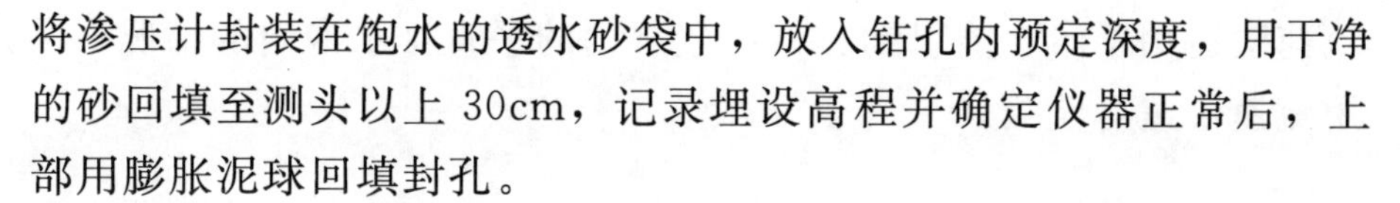

将渗压计封装在饱水的透水砂袋中，放入钻孔内预定深度，用干净的砂回填至测头以上 30cm，记录埋设高程并确定仪器正常后，上部用膨胀泥球回填封孔。

3.4.2.3 坝基渗流压力监测设计

坝基渗流压力监测，包括坝基天然岩土层、人工防渗和排水设施等关键部位渗流压力分布情况的监测。监测横断面的选择，主要取决于地层结构、地质构造情况，断面数一般不少于 3 个，并宜顺流线方向布置或与坝体渗流压力监测断面相重合。监测横断面上的测点布置，应根据建筑物地下轮廓形状、坝基地质条件以及防渗和排水型式等确定，一般每个断面上的测点不少于 3 个。

3.4.2.4 坝基渗流压力安装

坝基渗流压力监测设施及其安装与坝体渗流监测基本相同。但当接触面处的测点选用测压管时，其透水段和回填反滤料的长度宜小于 0.5m。

3.4.3 渗流量监测

为了解水库蓄水后的水量损失，更重要的是由于渗流量的变化能直观、全面地反映大坝的综合工作状态，以分析大坝在运行期的安全性，必须进行渗流量监测，同时还应监测渗水水质。渗流量由三部分组成：坝体渗流量、坝基渗流量、绕渗及导渗渗流量。

（1）渗流量监测布置。对于坝下游有渗出水，一般在坝脚下游能汇集的地方设置集水沟，在集水沟的出口处布置量水堰，如集水沟后接有排水沟，量水堰也可设置在排水沟内。这种布置监测的渗流量是出逸总水量，还有一部分从坝基内向下游渗出的水量（潜流），但由于地下潜流的渗流坡降随水库水位的变化不大，可以将潜流流量视为常数，监测渗流量加潜流流量即为总渗流量。

（2）渗流量监测方法。根据渗流量的大小和汇集条件，渗流量一般可采用容积法、量水堰法或流速法进行监测。

容积法适用于渗流量小于 1L/s 的情况。量水堰法适用于渗流量 1～300L/s 的情况。量水堰可采用三角堰、梯形堰或矩形堰。

流速法适用于渗水能引到具有比较规则的平直排水沟内的情况，采用流速仪进行监测。

3.4.4 绕坝渗流监测

大坝的两岸山体一般为岩石、岩石风化层和坡积土构成。若山体岩石裂隙、节理和岩溶发育，或有断层通过，或堆积层透水，且强度较低，则绕坝渗流除影响两岸山体本身的安全外，对坝体和坝基的渗流也可能产生不利的影响。因此应进行绕坝渗流监测。

3.4.4.1 绕坝渗流监测设计

绕坝渗流监测，包括两岸坝端及部分山体、土石坝与岸坡或混凝土建筑物接触面，以及防渗齿墙或灌浆帷幕与坝体或两岸接合部等关键部位。绕坝渗流的测点布置应根据地形、枢纽布置、渗流控制设施及绕坝渗流区渗透特性而定。

（1）大坝两端的绕渗监测，宜沿流线方向或渗流较集中的透水层（带）设2～3个监测断面，每个断面上设3～4条监测铅直线（含渗流出口），如需分层监测应做好层间止水。

（2）土石坝与刚性建筑物接合部的绕渗监测，应在接触轮廓线的控制处设置监测铅直线，沿接触面不同高程布设监测点。

（3）在岸坡防渗齿槽和灌浆帷幕的上下游侧各设1个监测点。

3.4.4.2 绕坝渗流监测方法

绕坝渗流的监测方法与坝体渗流的监测方法相同，可采用测压管或埋入渗压计等方法进行监测。测压管深度或渗压计埋入深度应深入死水位或筑坝前的地下水位以下。

3.5 大坝安全监测自动化系统

大坝安全监测自动化系统能够快速、准确地进行大坝安全参数测量、数据采集和传输，并能进行资料自动整编和分析，监测资料的同步性好，能大大减少人为因素的不确定性，同时提高水库的现代化管理水平。

3.5.1　自动化系统结构

大坝安全监测系统一般由监测仪器、数据采集装置、通信装置、计算机及外部设备、数据采集和管理软件、供电装置等部分组成。

分布式自动监测系统由大坝监测传感器、测控单元（MCU）、监测计算机及大坝安全信息管理系统组成。其中大坝监测传感器、测控单元和监测计算机组成系统的数据采集网络，它主要完成大坝安全监测数据的自动采集。信息管理主要完成对大坝安全监测管理的数据库管理、监测资料整编和大坝安全综合分析与评价。典型的分布式监测数据自动采集系统见图3.1。

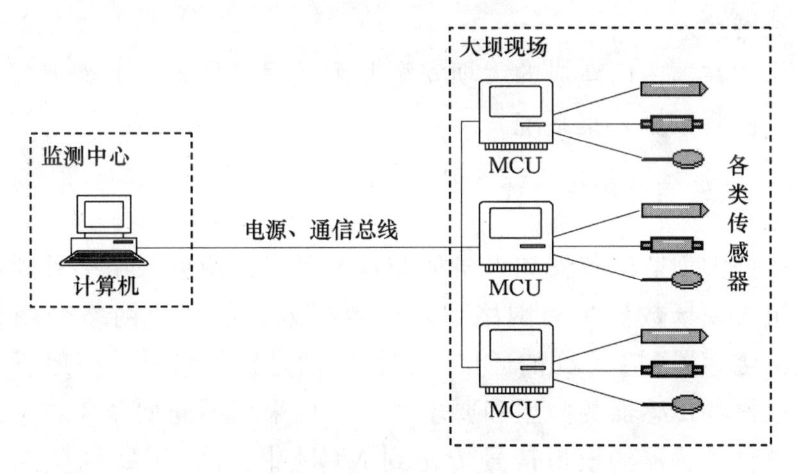

图3.1　典型的分布式监测数据自动采集系统

分布式大坝安全监测自动化系统将集中式测控单元小型化，并和切换单元集成到一起，安放于测点现场，每个测控单元连接若干个传感器，测控单元将监测量变换成数字量，由“数据总线”直接传送到监控计算机中。

分布式数据采集系统与集中式数据采集系统相比，有下列优点：

(1) 可靠性得到了提高。因为每台测控单元均独立进行测量，如果发生故障，只影响这台测控单元上所接入的传感器，不会使系统全部停测。

（2）抗干扰能力强。分布式数据采集系统的数据总线上传输的是数据信号，因此采用一般的通信电缆即可，接口方便，抗干扰能力强，目前普遍采用的通信制式是RS－232/RS－485/RS－422。

（3）测量时间短。每台测控单元可同时进行测量，系统测量时间只取决于单台测控单元的时间，因此测量速度快，特别适合于那些物理量和效应量变化较快的水工建筑物，能够满足实时安全监控的需要。同时，测量速度快，保证了各测点各类监测量在一个几乎相同的短时间内测完，使监测参数基本同步，便于比较分析。

（4）便于扩展。只需在原有系统上延伸数据总线，增加测控单元，就可以在不影响原有系统正常运行的情况下扩展系统，将更多的传感器接入。

目前在国内已建成的大坝安全监测数据采集系统中绝大部分是分布式监测数据采集系统。

3.5.2 系统通信组网方式

根据大坝监测仪器和设备的布置情况，系统可采用多种通信方式来组成现场数据采集网络。现场数据采集的通信网络分两个层面：①传感器到MCU的通信，它传输的是模拟信号，一般不宜过长。根据各传感器的类型和要求不同，可采用不同型号和芯数的信号电缆将传感器的模拟信号传送到MCU中。②MCU到监测主机的通信，它传输的是数字信号。根据通信线路的长短、MCU的通信协议，可选择不同的通信方式。目前普遍采用的MCU到监测主机的通信方式一般为RS－485（双绞线或光纤）、无线超短波通信和GSM通信。

3.5.2.1 双绞线RS－485通信

计算机与智能终端之间的数据传送可以采用串行通信和并行通信两种方式。由于串行通信方式具有使用线路少、成本低，特别是在远程传输时，避免了多条线路特性的不一致而被广泛采用。在串行通信时，要求通信双方都采用一个标准接口，使不同的设备可以方便地连接起来进行通信。以往，RS-232-C 接口（又称 EIA RS-232-C）是最常用的一种串行通信接口。由于 RS-232-C 接口标准出现较早，难免有不足之处，主要有以下 4 点：

（1）接口的信号电平值较高，易损坏接口电路的芯片，又因为与 TTL 电平不兼容，故需使用电平转换电路方能与 TTL 电路连接。

（2）传输速率较低，在异步传输时，波特率最高为 20kbps。

（3）接口使用一根信号线和一根信号返回线而构成共地的传输形式，这种共地传输容易产生共模干扰，所以抗噪声干扰性弱。

（4）传输距离有限，最大传输距离标准值为 50 英尺，实际上也只能用在 50m 左右。

针对 RS-232-C 的不足，于是就不断出现了一些新的接口标准，RS-485 就是其中之一，它具有以下特点：

（1）RS-485 的电气特性：逻辑“1”以两线间的电压差用+（2～6）V表示；逻辑“0”以两线间的电压差用-（2～6）V 表示。接口信号电平比 RS-232-C 降低了，就不易损坏接口电路的芯片，且该电平与 TTL 电平兼容，可方便与 TTL 电路连接。

（2）RS-485 的数据最高传输速率为 10Mbps。

（3）RS-485 接口是采用平衡驱动器和差分接收器的组合，抗共模干扰能力增强，即抗噪声干扰性好。

（4）RS-485 接口的最大传输距离标准值为 4000 英尺，实际上可达 3000m，另外 RS-232-C 接口在总线上只允许连接 1 个收发器，即单站能力。而 RS-485 接口在总线上是允许连接多达 128 个收发器。即具有多站能力，这样用户可以利用单一的 RS-485 接口方便地建立起设备网络。

因 RS-485 接口具有良好的抗噪声干扰性，长的传输距离和多站能力等上述优点就使其成为首选的串行接口。因为 RS-485 接口组成的半双工网络，一般只需二根连线，所以 RS-485 接口均采用屏蔽双绞线传输。标准的 RS-485 总线均采用“T 形连接”，因而标准的 RS-485 总线“T 形连接”示意图见图 3.2。

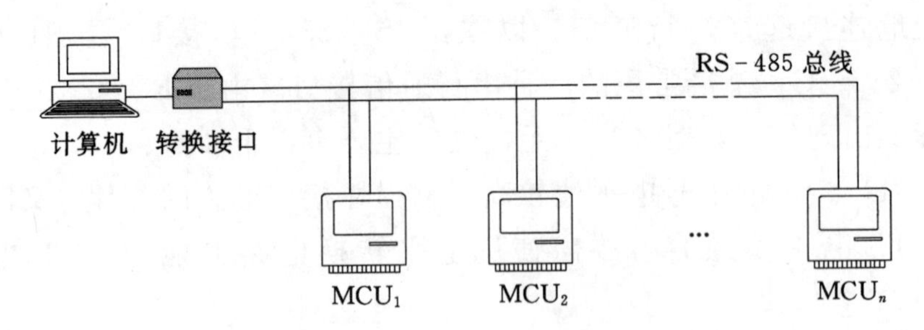

图 3.2 标准 RS-485 总线“T 形连接”示意图

进行 RS-485 总线布线时，最好采用屏蔽双绞线。这是因为双绞线可以抵消大部分的分布参数，双绞程度越大，抵消能力就越强。采用屏蔽层可更有效防止外界信号干扰。

为了达到防雷击的目的，屏蔽双绞线的屏蔽网一端应与智能终端的地线（RS-232 端，位于 RS-485B 旁）相接；另一端应与系统地线相接。

在“T 形连接”系统中，当线路距离较长（500m 以上）时，会由于线路阻抗不匹配引起信号反射干扰，可能造成通信失败。此时需要考虑在最远的两个节点的 A、B 端上各并接一个 120Ω 的平衡匹配电阻，以保证通信的正常进行。但是注意不能在其他节点上并接平衡匹配电阻。

我们知道，RS-485 信号线为两条，一条为 A，另一条为 B，一般来说，A 应与 A 相接，B 应与 B 相接。值得注意的是，不同厂家出厂的产品，对 A、B 的定义不一样，因此在应用中，可以尝试交换 A、B 的接线（只要 A、B 不短路，就不会损坏器件），来解决调试不通的问题。

关于 RS-485 驱动负载的数量，一般标准为 32 个。驱动负载数量还取决于产品所选用的 RS-485 接口芯片，有的能驱动 64 个负载，有的能驱动 128 个。SE 系列的相关产品采用的都是能驱动 64 个负载的 RS-485 接口芯片。但在实际工程中，为了通信的可靠性，建议最多接入 80%的最大驱动负载数量的负载。

在使用 RS-485 接口时，对于特定的传输线，从发生器到负载其数据信号传输所允许的最大电缆长度是数据信号速率的函数，这个长度数据主要是受信号失真及噪声等影响所限制。图 3.3 所示的电缆长度与信号速率的关系曲线是使用 24AWG 铜芯双绞电话电缆（线径为 0.51mm），线间旁路电容为 52.5PF/m，终端负载电阻为 100Ω 时所得出（曲线引自 GB 11014—89 附录 A）。由图 3.3 可知，当数据信号速率降低到 90kbit/s 以下时，假定最大允许的信号损失为 6dBV 时，则电缆长度被限制在 1200m。实际上，图 3.3 的曲线是很保守的，在实用时是完全可以取得比它大的电缆长度。当使用不同线径的电缆，则取得的最大电缆长度是不相同的。例如：当数据信号速率为 600kbit/s 时，采用 24AWG 电缆，由图可知最大电缆长度是 200m，若采用 19AWG 电缆（线径为 0.91mm）则电缆长度将可以大于 200m；若采用 28AWG 电缆（线径为 0.32mm）则电缆长度只能小于 200m。

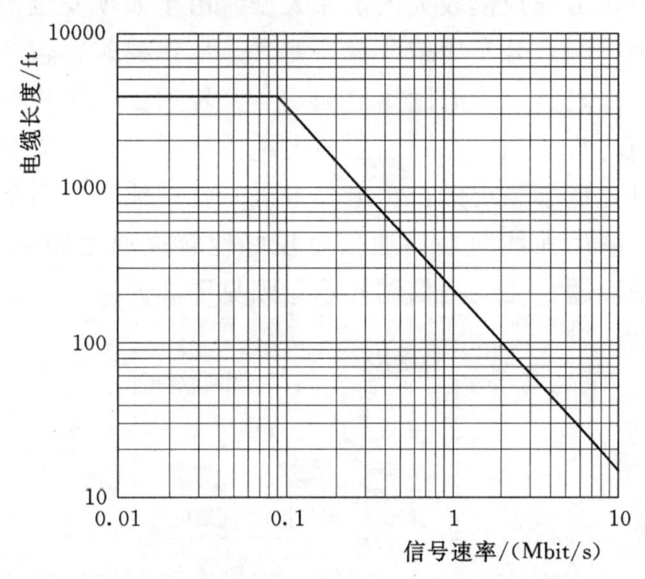

图 3.3 电缆长度与信号速率关系曲线

3.5.2.2 光纤 RS-485 通信

当监控中心与监测现场较远时（大于 1km），采用双绞线来实现计算机与 MCU 之间的通信就很困难。对此，可采用光纤通信解决长线传输问题，由于光纤通信的信号损耗很低，适用于远距离数字通信。光纤通信连接示意图见图 3.4。由图看出，其通信结构并没有本质的改变，只是通信介质由“光端机—光缆—光端机”代替原来的双绞线。

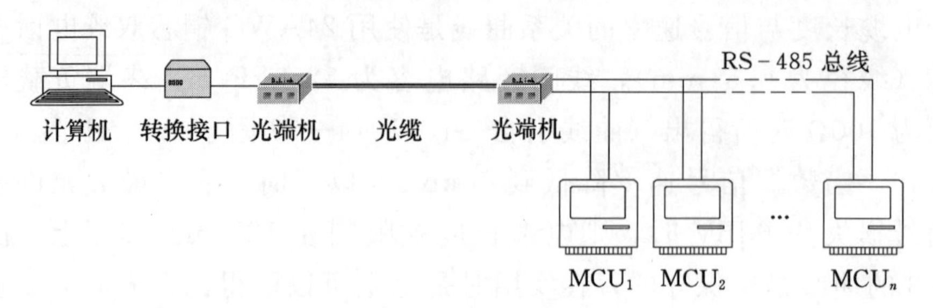

图 3.4　光纤通信连接示意图

采用光纤通信不仅延长了通信距离，还提高了通信的抗干扰性，尤其是雷电和电磁干扰。但也相应增加了通信系统的造价。

3.5.2.3　无线超短波通信

对于枢纽工程规模较大的水库大坝，由于大坝安全监测项目和监测点较多，测点分布比较分散，尤其是枢纽建筑物包含主坝、副坝的水库，加之监控中心距离监测现场又较远，如果将所有传感器的测量电缆均集中到一点，需要的电缆数量很大，这无疑会增加系统造价，且降低了系统的抗雷电和电磁干扰性能，从而降低了系统的可靠性。采用无线超短波通信可较好地解决通信距离远、MCU较为分散的问题。无线通信结构示意图见图 3.5。

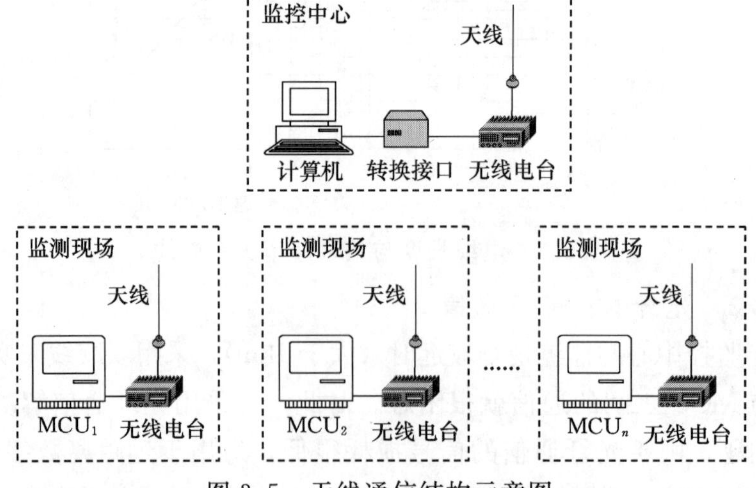

图 3.5　无线通信结构示意图

从图 3.5 中可以看出，各监测单元相对独立，由 MCU、无线电台和监测传感器组成独立的监测数据采集、处理、存储和传输单元，自成系统。由于减少了电缆传输，系统的防雷性能有了很大提高，且便于今后系统的扩展。

3.5.2.4 GSM 通信

GSM 是全球移动通信系统，原称泛欧数字移动通信系统，现已发展为具有世界性通信标准的通信网络，国内近几年来 GSM 网络的信号覆盖、技术平台支持和各项增值业务的扩充均有飞速的发展，同时为我们开展水利信息自动化传输创造了基础条件。

GSM 公网通信具有网络稳定可靠、通信费用低、不受地域限制的优点，其最大的好处是设备体积小，安装在室内，没有引雷部件，不需要作防雷处理。因此它在水利数据传输通信方面可以被认为是一种首选的通信方式。

短消息业务与话音传输及传真一样同为 GSM 数字蜂窝移动通信网络提供的主要电信业务，它通过无线控制信道进行传输，经短消息业务中心完成存储和前转功能，每个短消息的信息量限制为 140 个八位组（7 比特编码，140 个字符）。传送短消息业务的控制信道为专用控制信道（DCCH），DCCH 为点对点双向控制信道，包括独立专用控制信道（SDCCH），快速随路控制信道（FACCH）和慢速随路控制信道（SACCH）。

短消息业务是 GSM 系统中提供的一种 GSM 手机之间及与短消息实体（Short Message Entity）之间通过业务中心（Service Center）进行文字信息收发的方式，其中业务中心完成信息的存储和转发功能。短消息业务可以认为是 GSM 系统中最为简单和方便的数据通信方式，它不需要附加其他较为庞大的数据终端设备，仅使用手机就可以达到进行中文、英文信息交流目的。由于作为公网的 GSM 网络具有覆盖面广、网络能力强的特点，用户无需另外组网，在极大提高网络覆盖范围的同时为客户节省了昂贵建网费用和维护费用，同时，它对用户的数量也没有限制，克服了传统的专网通信系统投资成本大，维护费高，且网络监控的覆盖范围和用户数量有限的缺陷。利用GSM短消息系统进行无线通信还具有双向数据传输功能，性能稳定，为远程监控设备的通信提供了一个强大的管理支持平台。GSM通信结构示意图见图3.6。

图3.6 GSM通信结构示意图

3.5.3 自动化系统功能

自动化系统由硬件（包括监测仪器、数据采集装置、通信装置、计算机及外部设备、供电装置等）和大坝安全监测管理软件构成，安全监测管理软件是大坝安全监测自动化系统的重要组成部分，它具有数据采集、数据处理、资料整编、资料分析及网络管理等功能。通过大坝安全监测管理软件，水库管理人员可以及时了解水库运行性态。

3.5.3.1 数据采集功能

数据采集功能实现计算机与数据采集装置通信，完成监测数据的采集。

3.5.3.2 信息管理功能

对监测资料及其分析的成果，有关安全的设计、施工和运行资料，以及专家知识等资料，进行全面科学有序的管理。为在线监测和实时分析提供信息，信息管理是安全分析与评价系统的基础。

（1）安全监测数据库。根据分析与评价系统的流程和功能，各类数据的生成以及数据库管理系统的实施要求，大坝安全监测数据库大致可分成两个层次：原始数据库和生成数据库。

1）原始数据库。原始数据库包括工程和安全概况，设计、施工和运行的资料，监测系统仪器信息以及监测系统采集的数据等。

2）生成数据库。生成数据库包括资料整编数据库、模型分析数据库、综合评价数据库等。

（2）信息管理功能结构及流程。依据信息管理功能，主要包括数据录入、资料管理、图形管理和信息查询发布等4个子系统以及分控组成。

3.5.3.3 系统总体结构

（1）总体结构。系统总体上采用“中心管理、多端浏览”的结构，其中，中心管理是指在水库管理局，负责大坝的安全监控；多端浏览是指对大坝安全监测信息进行局域网内以及远程网络查询。系统总体结构见图3.7。

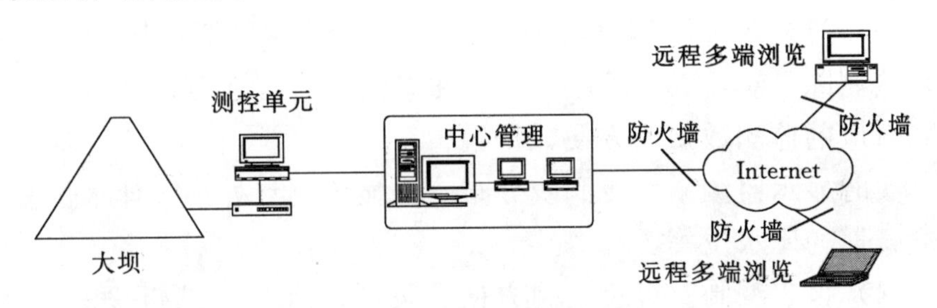

图3.7 系统总体结构

（2）系统网络结构。确定一个合理的系统总体结构对于整个安全分析评价系统的开发有着重要的意义。根据系统开发的目标和最新的技术趋势，在遵循先进性、实用性、安全可靠性和实时性的开发原则的基础上，确定了表示层、业务层和数据层三层结构的系统总体网络结构。三层结构中，客户端注重用户交互和数据表征，后台数据库完成数据访问和数据管理，应用服务器专门进行业务处理。三者协调作用构成一个有机的整体。其最大的优点是可以灵活地在客户和服务器之间划分数据和逻辑，并按照客户的需要灵活地修改系统配置，把系统的开发和系统的部署划分开来，提供跨平台、多个异构数据库分布交互的全程保护，同时还具备对分布对象的实时管理和分析功能。

3.5.3.4 系统功能

按“中心管理、多端浏览”的体系结构，整个系统可以映射出两个子系统。其中，中心管理映射成“管理分析子系统”，多端浏览映射成IE浏览器。

在大坝安全监测系统，实现对大坝的实时监控。在管理分析系统中，可以完成数据管理、分析评价以及日常数据维护和系统维护的各项功能。主要如下：

（1）数据采集。控制MCU的数据采集，并具有监测数据的本地录入和远程录入功能，要求方便、多样，适应性强。

（2）数据整编。按照规范，对各类原始监测数据进行转换；同时，对转换后的监测资料进行误差分析和处理，去伪存真，保证监测资料的可靠性。

（3）过程线及浸润线实时绘制。过程线（包括渗压计和位移等）绘制除具有放大、缩小、实时跟踪功能外，还可以通过过程线找到对应的监测数据，方便数据编辑。

实时显示监测断面浸润线分布，并显示测点处渗压计水位及其相应日期的库水位等。

（4）报表编制。报表绘制方便、灵活，且具有编辑修改功能。考虑到电站大部分管理人员对Office软件熟悉，信息管理内容输出设置了多种途径，对于数据、过程线、报表等可以快捷地转储到Word、Excel文档，用户可以根据自己需要任意编辑，满足管理员在自己熟悉的范围进行处理。

（5）信息网络发布。对系统产生的结果，包括原型监测资料过程线、报表等，设置多种输出通道，有存放文件、网上发布等功能，方便和减轻用户日常管理事务。

（6）数据集中备份。借助高性能、高可靠性的数据库管理系统及硬件系统，将大坝的监测数据及时备份到管理中心，防止各种自然灾害或人为损害而造成的数据丢失。

3.5.4　监测资料整编

（1）监测资料整编一般要求如下：

1）监测资料整编内容包括巡视检查、变形、渗流及环境量等监测项目。

2）各监测项目应使用标准记录表格，认真记录、填写，不得涂改、损坏和遗失。整理整编成果应做到项目齐全，考证清楚，数据可靠，方法合理，图表完整，规格统一，说明完备。

3）监测资料应及时整理和整编，当监测资料出现异常并影响工程安全时，应及时分析原因，并上报主管部门。

4）除在计算机磁、光载体内存储外，仪器监测和巡视检查的各种现场原始记录、图表、影像资料以及全部资料整编成果应建档保存，并应按分级管理制度报送有关部门备案。

5）工程基本资料及监测设施考证资料符合《土石坝安全监测技术规范》（SL 551—2012）有关规定。

（2）资料日常整理应符合以下基本要求：

1）在每次仪器监测完成后，应及时检查各监测项目原始监测数据的准确性、可靠性和完整性，如有漏测、误读（记）或异常，应及时复测确认或更正，并记录有关情况。

2）原始监测数据的检查、检验内容主要有：①作业方法是否符合规定；②监测记录是否正确、完整、清晰；③各项检验结果是否在限差以内；④是否存在粗差、系统误差。

3）应及时进行各监测物理量的计（换）算，绘制监测物理量过程线图，检查和判断测值的变化趋势，如有异常，应及时分析原因。先检查计算有无错误和监测系统有无故障，经多方比较判断，确认为测值异常时，应及时上报主管部门，并附文字说明。

4）在每次巡视检查完成后，应随即整理巡视检查记录（含摄像资料）。巡视检查的各种记录、影像和报告等均应按时间先后次序进行整理编排。

5）随时补充或修正有关监测系统及监测设施的变动或检验校（引）测资料，以及各种考证图表等，确保资料的衔接与连续性。

（3）资料定期整编应符合以下基本要求：

1）在运行期，每年汛前应将上一年度的监测资料整编完毕。

2）监测资料的收集工作主要内容：①第一次整编时应完整收集工程基本资料、监测设施和仪器设备考证资料等，并单独刊印成册。以后每年应根据变动情况，及时加以补充或修正。②收集有关物理量设计值和经分析后确定的技术警戒值。③收集整编时段内的各项日常整理后的资料，包含所有监测数据、文字和图表。

（4）在收集有关资料的基础上，对整编时段内的各项监测物理量按时序进行列表统计和校对。如发现可疑数据，不宜删改，应标注记号，并加注说明。校绘各监测物理量过程线图，以及绘制能表示各监测物理量在时间和空间上的分布特征图和与有关因素的相关图。在此基础上，分析各监测物理量的变化规律及其对工程安全的影响，并对影响工程安全的问题提出处理意见。

（5）整编资料应完整、连续、准确，并符合以下要求：①整编资料的内容（包括监测项目、测次等）应齐全，各类图表的内容、规格、符号、单位，以及标注方式和编排顺序应符合有关规定和要求；②各项监测资料整编的时间与前次整编衔接，监测部位、测点及坐标系统等与历次整编一致；③各监测物理量的计（换）算和统计正确，有关图件准确、清晰。整编说明全面，资料初步分析结论、处理意见和建议等符合实际，需要说明的其他事项无遗漏等。

（6）刊印成册的整编资料主要内容和编排顺序为封面、目录、整编说明、工程基本资料及监测仪器设施考证资料（第一次整编时）、监测项目汇总表、巡视检查资料、监测资料、分析成果、监测资料图表和封底。其中监测资料图表（含巡视检查和仪器监测）的排版顺序可按规范中监测项目的编排次序编印，规范中未包含的项目接续其后。每个项目中，统计表在前，整编图在后。

（7）刊印成册的整编资料应生成标准格式电子文档。

附录A 安全监测项目

安全监测项目按表A.1进行分类和选择。

表A.1 安全监测项目分类及选择表

序号	监测类别	监测项目	建筑物级别		
			1	2	3
一	巡视检查	坝体、坝基、坝区、输（泄）水洞、溢洪道、近坝库岸	★	★	★
二	变形	(1) 坝体表面变形； (2) 坝体（基）内部变形； (3) 防渗体变形； (4) 界面及接（裂）缝变形； (5) 近坝岸坡变形； (6) 地下洞室围岩变形	★ ★ ★ ★ ★ ★	★ ★ ★ ★ ☆ ☆	★ ☆
三	渗流	(1) 渗流量； (2) 坝基渗流压力； (3) 坝体渗流压力； (4) 绕坝渗流； (5) 近坝岸坡渗流； (6) 地下洞室围岩渗流	★ ★ ★ ★ ★ ★	★ ★ ★ ★ ☆ ☆	★ ☆ ☆ ☆
四	压力（应力）	(1) 孔隙水压力； (2) 土压力； (3) 混凝土应力应变	★ ★ ★	☆ ☆ ☆	
五	环境量	(1) 上游、下游水位； (2) 降水量、气温、库水温； (3) 坝前泥沙淤积及下游冲刷； (4) 冰压力	★ ★ ☆ ☆	★ ★ ☆	★ ★
六	地震反应		☆	☆	
七	水力学		☆		

注 1. 有★者为必设项目。有☆者为一般项目，可根据需要选设。

2. 坝高小于20m的低坝，监测项目选择可降一个建筑物级别考虑。

安全监测项目监测频次按表A.2确定。

表A.2　安全监测项目测次表

监测项目	监测阶段和测次		
	第一阶段（施工期）	第二阶段（初蓄期）	第三阶段（运行期）
日常巡视检查	8～4次/月	30～8次/月	3～1次/月
(1) 坝体表面变形； (2) 坝体（基）内部变形； (3) 防渗体变形； (4) 界面及接（裂）缝变形； (5) 近坝岸坡变形； (6) 地下洞室围岩变形	4～1次/月 10～4次/月 10～4次/月 10～4次/月 4～1次/月 4～1次/月	10～1次/月 30～2次/月 30～2次/月 30～2次/月 10～1次/月 10～1次/月	6～2次/年 12～4次/年 12～4次/年 12～4次/年 6～4次/年 6～4次/年
(7) 渗流量； (8) 坝基渗流压力； (9) 坝体渗流压力； (10) 绕坝渗流； (11) 近坝岸流渗流	6～3次/月 6～3次/月 6～3次/月 4～1次/月 4～1次/月	30～3次/月 30～3次/月 30～3次/月 30～3次/月 30～3次/月	4～2次/月 4～2次/月 4～2次/月 4～2次/月 2～1次/月
(12) 孔隙水压力； (13) 土压力（应力）	6～3次/月 6～3次/月	30～3次/月 30～3次/月	4～2次/月 4～2次/月
(14) 上、下游水位； (15) 降水量、气温	2～1次/日 逐日量	4～1次/日 逐日量	2～1次/月 逐日量
(16) 坝区平面监测网； (17) 坝区垂直监测网	取得初始值 取得初始值	1～2年1次 1～2年1次	3～5年1次 3～5年1次
(18) 水力学		根据需要确定	

注 1 表中测次，均系正常情况下人工测读的最低要求。如遇特殊情况（如高水位、库水位骤变、特大暴雨、强地震，以及边坡、地下洞室开挖等）和工程出现不安全征兆时应增加测次。

2 第一阶段：若坝体填筑进度快，变形和土压力测次可取上限。

3 第二阶段：在蓄水时，测次可取上限；完成蓄水后的相对稳定期可取下限。

4 第三阶段：渗流、变形等性态变化速率大时，测次应取上限；性态趋于稳定时可取下限。

附录B　巡视检查记录表

工程名称：________

日期：____年 ____月____日　　　库水位：________ m　　　天气：________

巡视检查部位		损坏或异常情况	备注
坝体	坝顶 防浪墙 迎水坡/面板 背水坡 坝趾 排水系统 导渗降压设施		
坝基和坝区	坝基 基础廊道 两岸坝端 坝趾近区 坝端岸坡 上游铺盖		
输、泄水洞（管）	引水段 进水口边坡 进水塔（竖井） 洞（管）身 出口 消能工 闸门 动力及启闭机 工作桥		
溢洪道	进水段（引渠） 内外侧边坡 堰顶或闸室 溢流面 消能工 工作（交通）桥 下游河床及岸坡		
近坝岸坡	坡面 支护结构 排水系统		
其他（包括备用电源等情况）			

注　被巡视检查的部位若无损坏和异常情况时应写“无”字。有损坏或出现异常情况的地方应获取影像资料，并在备注栏中标明影像资料文件名和存储位置。

检查人：________　　　负责人：________